CAMBRIDGE LIBRARY COLLECTION

Books of enduring scholarly value

Mathematical Sciences

From its pre-historic roots in simple counting to the algorithms powering modern desktop computers, from the genius of Archimedes to the genius of Einstein, advances in mathematical understanding and numerical techniques have been directly responsible for creating the modern world as we know it. This series will provide a library of the most influential publications and writers on mathematics in its broadest sense. As such, it will show not only the deep roots from which modern science and technology have grown, but also the astonishing breadth of application of mathematical techniques in the humanities and social sciences, and in everyday life.

Leçons sur l'intégration et la recherche des fonctions primitives professées au Collège de France

The two great works of the celebrated French mathematician Henri Lebesgue (1875–1941), Leçons sur l'intégration et la recherche des fonctions primitives professées au Collège de France (1904) and Leçons sur les séries trigonométriques professées au Collège de France (1906) arose from lecture courses he gave at the Collège de France while holding a teaching post at the University of Rennes. In 1901 Lebesgue formulated measure theory; and in 1902 his new definition of the definite integral, which generalised the Riemann integral, revolutionised integral calculus and greatly expanded the scope of Fourier analysis. The Lebesgue integral is regarded as one of the major achievements in modern real analysis, and is part of the standard university curriculum in mathematics today. Both of Lebesgue's books are reissued in this series.

Cambridge University Press has long been a pioneer in the reissuing of out-of-print titles from its own backlist, producing digital reprints of books that are still sought after by scholars and students but could not be reprinted economically using traditional technology. The Cambridge Library Collection extends this activity to a wider range of books which are still of importance to researchers and professionals, either for the source material they contain, or as landmarks in the history of their academic discipline.

Drawing from the world-renowned collections in the Cambridge University Library, and guided by the advice of experts in each subject area, Cambridge University Press is using state-of-the-art scanning machines in its own Printing House to capture the content of each book selected for inclusion. The files are processed to give a consistently clear, crisp image, and the books finished to the high quality standard for which the Press is recognised around the world. The latest print-on-demand technology ensures that the books will remain available indefinitely, and that orders for single or multiple copies can quickly be supplied.

The Cambridge Library Collection will bring back to life books of enduring scholarly value across a wide range of disciplines in the humanities and social sciences and in science and technology.

Leçons sur l'intégration et la recherche des fonctions primitives professées au Collège de France

HENRI LEON LEBESGUE

CAMBRIDGE
UNIVERSITY PRESS

CAMBRIDGE UNIVERSITY PRESS

Cambridge New York Melbourne Madrid Cape Town Singapore São Paolo Delhi

Published in the United States of America by Cambridge University Press, New York

www.cambridge.org
Information on this title: www.cambridge.org/9781108001854

© in this compilation Cambridge University Press 2009

This edition first published 1904
This digitally printed version 2009

ISBN 978-1-108-00185-4

LEÇONS

SUR L'INTÉGRATION

ET LA

RECHERCHE DES FONCTIONS PRIMITIVES.

LIBRAIRIE GAUTHIER-VILLARS.

COLLECTION DE MONOGRAPHIES SUR LA THÉORIE DES FONCTIONS,

PUBLIÉE SOUS LA DIRECTION DE M. ÉMILE BOREL.

Leçons sur la théorie des fonctions (*Éléments de la théorie des ensembles et applications*), par M. ÉMILE BOREL, 1898 .... 3 fr. 5o
Leçons sur les fonctions entières, par M. ÉMILE BOREL, 1900 ..... 3 fr. 5o
Leçons sur les séries divergentes, par M. ÉMILE BOREL. 1901 ..... 4 fr. 5o
Leçons sur les séries à termes positifs, professées au Collège de France par M. ÉMILE BOREL et rédigées par M. ROBERT D'ADHÉMAR, 1902 .... 3 fr. 5o
Leçons sur les fonctions méromorphes, professées au Collège de France par M. ÉMILE BOREL et rédigées par M. LUDOVIC ZORETTI, 1903. 3 fr. 5o
Leçons sur l'intégration et la recherche des fonctions primitives, professées au Collège de France par M. HENRI LEBESGUE, 1904. 3 fr. 5o

SOUS PRESSE :

Leçons sur les fonctions de variables réelles et leur représentation par des séries de polynomes, professées à l'École Normale supérieure par M. ÉMILE BOREL et rédigées par M. MAURICE FRÉCHET, avec une Note de M. PAUL PAINLEVÉ.
Le calcul des résidus et ses applications à la théorie des fonctions, par M. ERNST LINDELÖF.

EN PRÉPARATION :

Quelques principes fondamentaux de la théorie des fonctions de plusieurs variables complexes, par M. PIERRE COUSIN.
Développements en séries de polynomes des fonctions analytiques, par M. ÉMILE BOREL.
Leçons sur les fonctions discontinues, par M. RENÉ BAIRE.
Leçons sur les Correspondances entre variables réelles, par M. JULES DRACH.

COLLECTION DE MONOGRAPHIES SUR LA THÉORIE DES FONCTIONS,

PUBLIÉE SOUS LA DIRECTION DE M. ÉMILE BOREL.

LEÇONS
SUR L'INTÉGRATION

ET LA

RECHERCHE DES FONCTIONS PRIMITIVES,

PROFESSÉES AU COLLÈGE DE FRANCE

PAR

Henri LEBESGUE,

MAÎTRE DE CONFÉRENCES A LA FACULTÉ DES SCIENCES DE RENNES.

PARIS,

GAUTHIER-VILLARS, IMPRIMEUR-LIBRAIRE

DU BUREAU DES LONGITUDES, DE L'ÉCOLE POLYTECHNIQUE,

Quai des Grands-Augustins, 55.

—

1904

PRÉFACE.

J'ai réuni dans cet Ouvrage les Leçons que j'ai faites au Collège de France, pendant l'année scolaire 1902-1903, comme chargé du cours fondé par la famille Peccot.

Les vingt Leçons que comprend ce Cours ont été consacrées à l'étude du développement de la notion d'intégrale. Un historique complet n'aurait pu tenir en vingt Leçons; aussi, laissant de côté bien des résultats importants, je me suis tout d'abord limité à l'intégration des fonctions réelles d'une seule variable réelle; le lecteur pourra rechercher si les résultats indiqués se prêtent facilement à des généralisations. De plus, parmi les nombreuses définitions qui ont été successivement proposées pour l'intégrale des fonctions réelles d'une variable réelle, je n'ai retenu que celles qu'il est, à mon avis, indispensable de connaître pour bien comprendre toutes les transformations qu'a reçues le problème d'intégration et pour saisir les rapports qu'il y a entre la notion d'aire, si simple en apparence, et certaines définitions analytiques de l'intégrale à aspects très compliqués.

On peut se demander, il est vrai, s'il y a quelque intérêt à s'occuper de telles complications et s'il ne vaut pas mieux se borner à l'étude des fonctions qui ne nécessitent que des définitions simples. Cela n'a guère que des avantages quand il s'agit d'un Cours élémentaire; mais, comme on le verra dans ces Leçons, si l'on voulait toujours se limiter à la considération de ces bonnes fonctions, il faudrait renoncer à résoudre bien des problèmes à énoncés simples posés depuis longtemps. C'est pour la résolution de ces problèmes, et non par amour des complications, que j'ai introduit dans ce Livre une définition de l'intégrale plus générale que celle de Riemann et comprenant celle-ci comme cas particulier.

Ceux qui me liront avec soin, tout en regrettant peut-être que les choses ne soient pas plus simples, m'accorderont, je le pense, que cette définition est nécessaire et naturelle. J'ose dire qu'elle est, en un certain sens, plus simple que celle de Riemann, aussi facile à saisir que celle-ci et que, seules, des habitudes d'esprit antérieurement acquises peuvent la faire paraître plus compliquée. Elle est plus simple parce qu'elle met en évidence les propriétés les plus importantes de l'intégrale, tandis que la définition de Riemann ne met en évidence qu'un procédé de calcul. C'est pour cela qu'il est presque toujours aussi facile, parfois même plus facile, à l'aide de la définition générale de l'intégrale, de démontrer une propriété pour toutes les fonctions auxquelles s'applique cette définition, c'est-à-dire pour toutes les fonctions *sommables*, que de la démontrer pour les seules fonctions intégrables, en s'appuyant sur la définition de Riemann. Même si l'on ne s'intéresse qu'aux résultats relatifs aux fonctions simples, il est donc utile de connaître la notion de fonction sommable parce qu'elle suggère des procédés rapides de démonstration.

Comme application de la définition de l'intégrale, j'ai étudié la recherche des fonctions primitives et la rectification des courbes. A ces deux applications j'aurais voulu en joindre une autre très importante: l'étude du développement trigonométrique des fonctions ; mais, dans mon Cours, je n'ai pu donner à ce sujet que des indications tellement incomplètes que j'ai jugé inutile de les reproduire ici.

Suivant en cela l'exemple donné par M. Borel, j'ai rédigé ces Leçons sans supposer au lecteur d'autres connaissances que celles qui font partie du programme de licence de toutes les Facultés; je pourrais même dire que je ne suppose rien de plus que la connaissance de la définition et des propriétés les plus élémentaires de l'intégrale des fonctions continues. Mais, s'il n'est pas indispensable de connaître beaucoup de choses avant de lire ces Leçons, il est nécessaire d'avoir certaines habitudes d'esprit, il est utile de s'être déjà intéressé à certaines questions de la théorie des fonctions. Un lecteur parfaitement préparé serait celui qui aurait déjà lu l'*Introduction à l'étude des fonctions d'une variable réelle*, de M. Jules Tannery, et les *Leçons sur la théorie des fonctions*, de M. Emile Borel.

Si l'on compare ce Livre aux quelques pages que l'on consacre ordinairement à l'intégration et à la recherche des fonctions primitives, on le trouvera sans doute un peu long; j'espère cependant que tous ceux qui ont écrit sur la théorie des fonctions et qui savent les difficultés qu'il y a, en cette matière, à être à la fois rigoureux et court, ne s'étonneront pas trop de cette longueur; peut-être même me pardonneront-ils d'avoir été, à leur gré, parfois trop diffus, parfois trop concis.

Pour la rédaction, j'ai eu surtout recours aux Mémoires originaux; je dois cependant signaler, comme m'ayant été particulièrement utiles, outre les deux Ouvrages précédemment cités, les *Fondamenti per la teorica delle funzioni di variabili reali*, de M. Ulisse Dini et le *Cours d'Analyse de l'École Polytechnique*, de M. Camille Jordan. Enfin j'ai à remercier M. Borel des conseils qu'il m'a donnés au cours de la correction des épreuves.

Rennes, le 3 décembre 1903.

HENRI LEBESGUE.

INDEX.

LEÇONS

SUR L'INTÉGRATION

ET LA RECHERCHE

DES FONCTIONS PRIMITIVES.

CHAPITRE I.

L'INTÉGRALE AVANT RIEMANN.

---

1. — *L'intégration des fonctions continues.*

L'intégration a été définie tout d'abord comme l'opération inverse de la dérivation; c'est l'opération permettant de résoudre le problème des fonctions primitives :

Trouver les fonctions $F(x)$ *qui admettent pour dérivée une fonction donnée* $f(x)$.

On sait que, si ce problème est possible, il l'est d'une infinité de manières, et que toutes les fonctions primitives $F(x)$ d'une même fonction $f(x)$ ne diffèrent que par une constante additive. Ce qu'on se propose, c'est de trouver l'une quelconque des fonctions $F(x)$.

A l'époque où le problème des fonctions primitives fut posé sous la forme que j'indique, c'est-à-dire à l'époque de Newton et de Leibnitz, le mot *fonction* avait un sens assez mal défini. On appelait ainsi, le plus souvent, une quantité y liée à la variable x par une équation où intervenait un certain nombre des symboles

L.   I

d'opérations que l'on avait l'habitude de considérer. Les princi-
pales de ces opérations étaient : les opérations arithmétiques (addition, soustraction, multiplication, division, extraction de racines),
les opérations trigonométriques (avec les signes sin, cos, tang,
arc sin, arc cos, arc tang), les opérations logarithmiques et exponentielles (avec les signes log, a^x).

Pour un grand nombre de fonctions exprimées de cette manière
on avait pu exprimer, de la même manière, les fonctions primitives, de sorte qu'il apparaissait comme certain que toute fonction
admet une fonction primitive. D'ailleurs on pouvait répondre à
qui doutait de cette proposition.

Soit (*fig.* 1) la courbe Γ, $y = f(x)$, représentant la fonction

Fig. 1.

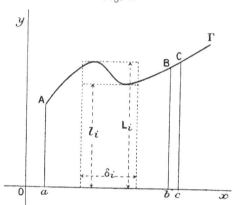

donnée $f(x)$; les axes sont rectangulaires. Supposons pour simplifier $f(x)$ positive; soient aA, bB deux parallèles à l'axe des y,
d'abscisses a et x. Ces deux parallèles, l'arc AB de Γ, le segment ab de Ox, limitent un domaine d'aire $S(x)$. En évaluant
l'accroissement $bBCc$ de cette aire, on voit que $f(x)$ est la
dérivée de $S(x)$ [1].

Remarquons que dans les considérations précédentes le mot
fonction a déjà reçu une extension considérable. La relation entre
$S(x)$ et x est en effet une relation géométrique et non plus une

---

[1] Pour la démonstration et pour le cas où $f(x)$ n'est pas toujours positive
voir GOURSAT. *Cours d'Analyse mathématique,* t. I, Chap. IV, ou HUMBERT,
Cours d'Analyse professé à l'École Polytechnique, t. I, 2ᵉ Partie, Chap. III.

relation algébrique-trigonométrique-logarithmique. De telles relations étaient encore considérées comme définissant des fonctions; seulement, on distinguait soigneusement entre les figures géométriques définies à l'aide de lois exprimables par des égalités géométriques et les figures qui n'étaient pas définies ainsi. Les courbes $y = f(x)$ de la première espèce ou courbes géométriques définissaient des fonctions $f(x)$; les courbes de la seconde espèce ou courbes arbitraires ne définissaient pas de vraies fonctions. Lorsqu'on employait le mot *fonction* pour ces deux espèces de correspondance entre y et x, on distinguait les premières en les appelant *fonctions continues* ([1]).

Il y avait aussi une catégorie intermédiaire de fonctions, celles qui étaient représentées à l'aide de plusieurs arcs de courbes géométriques; on les considérait plus volontiers comme formées de parties de fonctions.

Les fonctions *continues* étaient les vraies fonctions. On donnait ainsi au mot *fonction* un sens assez restreint parce qu'on croyait que toute fonction continue, définie géométriquement ou non, était susceptible d'une définition analytique, de la nature de celles dont il a été parlé précédemment, et qu'on croyait cela impossible pour les fonctions non continues.

Mais Fourier montra que les séries trigonométriques, qui pouvaient être employées dans des cas étendus à la représentation des fonctions continues, pouvaient servir aussi à la représentation de fonctions non continues formées de parties de fonctions. En particulier une fonction nulle de o à π, égale à 1 de π à 2π, admet un développement trigonométrique convergent. Le seul critère, permettant de distinguer les vraies fonctions des fausses, disparaissait. Il fallait, ou bien étendre le sens du mot *fonction,* ou bien restreindre la catégorie des expressions algébriques, trigonométriques, exponentielles qui pouvaient servir à définir des fonctions.

Cauchy remarqua que les difficultés qui résultent des recherches de Fourier se présentent même lorsqu'on ne se sert que d'expressions très simples, c'est-à-dire que, suivant le procédé employé pour donner une fonction, elle apparaît comme continue ou

---

([1]) Cette continuité est connue sous le nom de *continuité eulérienne.*

non. Cauchy cite, comme exemple, la fonction égale à $+ x$ pour x positif, à $- x$ pour x négatif. Cette fonction n'est pas continue, elle est formée de parties des deux fonctions continues $+x$ et $-x$; elle apparaît au contraire comme continue quand on la note $+\sqrt{x^2}$.

Pour conserver aux mots *fonction continue* leur sens primitif, il aurait donc fallu ne considérer que des expressions analytiques très particulières ([1]); Cauchy préféra modifier considérablement les définitions.

Pour Cauchy *y est fonction de x quand, à chacun des états de grandeur de x, correspond un état de grandeur parfaitement déterminé de y.*

Cette définition paraît la même que celle donnée plus tard par Riemann, mais en réalité les correspondances que Cauchy considère sont encore celles qu'on peut établir à l'aide d'expressions analytiques, car, après avoir défini les fonctions, Cauchy ajoute : les fonctions sont dites explicites si l'équation qui lie x à y est résolue en y, et implicites si cela n'a pas lieu. Le fait que les correspondances sont établies à l'aide d'expressions analytiques n'intervient jamais dans les raisonnements de Cauchy, de sorte que les propriétés obtenues par Cauchy s'appliquent immédiatement ainsi que leurs démonstrations aux fonctions satisfaisant à la définition de Riemann ([2]).

Pour Cauchy *une fonction $f(x)$ est continue pour la valeur x_0 si, quel que soit le nombre positif ε, on peut trouver un nombre*

([1]) C'est ce que fait M. Méray qui donne au mot *fonction* un sens très voisin de celui qu'on donnait autrefois aux mots *fonction continue*. M. Méray définit les fonctions par les séries de Taylor et le prolongement analytique; lorsqu'on adopte les définitions de M. Méray, l'existence des fonctions primitives résulte immédiatement des propriétés des séries entières.

Mais, si l'on applique les définitions de M. Méray aux fonctions de la variable complexe, on se trouve conduit nécessairement, comme me l'a fait remarquer M. Borel, à considérer des fonctions discontinues d'une variable réelle. Par exemple, lorsqu'une série de Taylor est convergente sur son cercle de convergence, ses valeurs, sur ce cercle, peuvent définir deux fonctions réelles discontinues de l'argument.

([2]) Je ne veux pas dire que la définition de Cauchy soit moins générale que celle de Riemann; on ne connaît actuellement aucune fonction riemannienne qui n'admette pas de représentation analytique. Seulement, s'il existe des fonctions qui satisfont à la définition de Riemann, sans satisfaire à celle de Cauchy, elles ne seront pas exclues des raisonnements.

$\eta(\varepsilon)$ *tel que l'inégalité* $|h| \leqq \eta(\varepsilon)$ *entraîne*

$$|f(x_0 + h) - f(x_0)| \leqq \varepsilon;$$

la fonction $f(x)$ *est continue dans* (a, b) *si la correspondance entre* ε *et* $\eta(\varepsilon)$ *peut être choisie indépendamment du nombre* x_0, *quelconque dans* (a, b).

On reconnaît là les définitions aujourd'hui classiques.

Pour démontrer l'existence des fonctions primitives des fonctions continues, il suffit de reprendre la démonstration géométrique indiquée précédemment. Dans cette démonstration on a fait appel à la notion d'aire. Cette notion, déjà assez peu claire lorsqu'il s'agit de domaines limités par des courbes géométriques simples comme le cercle ou l'ellipse, le devient moins encore lorsqu'il s'agit des domaines intervenant dans la démonstration qui nous occupe.

Les courbes Γ qui limitent ces domaines ne sont plus nécessairement des courbes géométriques, elles peuvent être formées de parties de courbes géométriques $(y = +\sqrt{x^2})$; on sait donc qu'elles peuvent être compliquées sans savoir où s'arrête cette complication. Aussi Cauchy crut devoir préciser ce que l'on doit entendre par le nombre $S(x)$ de la démonstration précédente ([1]); il lui suffit pour cela de reprendre les opérations qui servaient ordinairement à calculer des valeurs approchées de $S(x)$ considérée comme aire et de démontrer que ces calculs conduisaient à un nombre limite. On a ainsi la démonstration maintenant classique de l'existence des fonctions primitives.

Soit (a, X) l'intervalle que nous considérons. Divisons (a, X) en intervalles partiels à l'aide des nombres croissants

$$a_0 = a, \ a_1, \ a_2, \ \ldots, \ a_{n-1}, \ a_n = X;$$

et formons la somme

$$S = (a_1 - a_0)f(x_1) + (a_2 - a_1)f(x_2) + \ldots + (a_n - a_{n-1})f(x_n),$$

où x_i est un nombre quelconque compris entre a_{i-1} et a_i. On démontre que S tend vers un nombre déterminé $S(X)$ quand le

---

([1]) C'est-à-dire qu'il crut devoir définir l'aire d'une façon précise.

maximum de $a_{i-1} - a_i$ tend vers zéro d'une manière quelconque (^{1}).

Le nombre $S(X)$ ainsi obtenu s'appelle l'*intégrale définie* de
la fonction $f(x)$ dans l'intervalle (a, X). Depuis Fourier, on le
représente par la notation $\int_a^X f(x)\, dx$.

Ce symbole n'a jusqu'à présent de sens que dans les intervalles
positifs (a, X), $(X \geqq a)$; par définition, on pose

$$\int_a^X f(x)\, dx + \int_X^a f(x)\, dx = 0.$$

Il est évident que l'on a, quels que soient a, b, c,

$$\int_a^b + \int_b^c + \int_c^a = 0.$$

Remarquons encore que si L et l sont les limites supérieure et
inférieure de $f(x)$ dans (a, b), $\int_a^b f(x)\, dx$ est comprise entre
$L(b-a)$ et $l(b-a)$. La fonction continue $f(x)$ prenant toutes
les valeurs entre l et L, y compris les valeurs l et L, on peut
écrire

$$\int_a^b f(x)\, dx = (b-a) f(\xi),$$

ξ étant compris entre a et b (^{2}), c'est le théorème des accroissements finis.

Le nombre $S(X)$ étant maintenant défini d'une manière précise,
on démontre l'existence de la fonction primitive de $f(x)$ sans difficulté. En effet, on a

$$\frac{S(x_0 + h) - S(x_0)}{h} = \frac{1}{h} \int_{x_0}^{x_0 + h} f(x)\, dx = f(x_0 + \theta h).$$

égalité qui démontre que la fonction $S(x)$ est continue et a pour
dérivée $f(x)$.

(^{1}) *Voir*, par exemple, les deux Ouvrages cités page 2 ou le Tome I du *Traité
d'Analyse* de M. Picard.

(^{2}) Cette démonstration n'exclut pas les égalités $\xi = a$, $\xi = b$. Dans certains
cas il est bon de prévoir qu'on peut choisir ξ différent de a et b: la démonstration est immédiate.

La fonction $S(X)$ qui figure dans la démonstration précédente ou plus exactement la fonction

$$S(X) + K = K + \int_a^X f(x)\,dx = K_1 + \int_\alpha^X f(x)\,dx,$$

dans laquelle K et K_1 sont des constantes quelconques et α une valeur de x prise dans l'intervalle où $f(x)$ est définie, s'appelle *l'intégrale indéfinie* de la fonction $f(x)$ et se note $\int f(x)\,dx$. On voit que l'intégrale indéfinie d'une fonction $f(x)$ est la fonction $F(x)$ la plus générale telle que l'on ait, quels que soient α et β dans l'intervalle où $f(x)$ est définie,

$$(1) \qquad F(\beta) - F(\alpha) = \int_\alpha^\beta f(x)\,dx.$$

On voit aussi que, pour les fonctions continues, il y a identité entre les intégrales indéfinies et les fonctions primitives ([1]).

II. — *L'intégration des fonctions discontinues.*

Dans ce qui précède, l'intégrale définie apparaît comme un élément permettant de calculer la fonction primitive; dans la pratique, les fonctions primitives servent, au contraire, au calcul des intégrales définies. Ces intégrales définies, qui sont des limites de sommes dont le nombre des termes augmente indéfiniment tandis que la valeur absolue de ces termes tend vers zéro, se rencontrent dans un grand nombre de questions d'Analyse, de Géométrie et de Mécanique ([2]). Pour le calcul de certaines de ces

---

([1]) Cela ne serait plus vrai si l'on n'introduisait pas la constante K dans la définition de l'intégrale indéfinie.

([2]) L'application la plus simple de la notion d'intégrale est la quadrature des domaines plans. A cause de cette application, on a fait souvent remonter la notion d'intégrale définie à Archimède et à la quadrature de la parabole. Il est vrai que beaucoup de quadratures ont été effectuées avant l'introduction du Calcul intégral, mais les géomètres n'attachaient aucune importance particulière aux domaines bien spéciaux dont il faut calculer les aires pour avoir des intégrales définies. L'importance de ces domaines n'est apparue qu'après l'introduction de la notion de dérivée.

limites de sommes, par exemple pour la définition et le calcul de
l'aire comprise entre une courbe et son asymptote, l'intégration
des fonctions continues ne suffisait plus; on a été ainsi conduit à
s'occuper de l'intégration des fonctions qui sont infinies en certains points ou au voisinage de certains points. D'autre part, pour
certaines applications des intégrales définies, par exemple pour le
calcul des coefficients de la série trigonométrique représentant
une fonction donnée, il semblait y avoir avantage à définir l'intégrale d'une fonction qui, tout en restant finie, est discontinue en
certains points. Aussi, dès l'introduction de la notion d'intégrale
définie, a-t-on étendu cette notion à certaines fonctions discontinues.

On a été conduit à la définition qui sera donnée plus loin en
posant en principe l'identité, constatée dans le cas des fonctions
continues, de l'intégrale indéfinie et de la fonction primitive.
Considérons la fonction $f(x)$ qui, pour $x \neq 0$, est égale à $\frac{1}{\sqrt[3]{x}}$.
Les seules fonctions *continues* qui admettent, sauf pour $x = 0$,
une dérivée égale à $f(x)$ sont données par la formule $K + \frac{3}{2}\sqrt[3]{x^2}$;
on a dit que $F(x) = K + \frac{3}{2}\sqrt[3]{x^2}$ était l'intégrale indéfinie de $f(x)$,
et la formule (1) donnait l'intégrale définie de $f(x)$ dans un intervalle quelconque (α, β).

Soit encore la fonction $f(x)$ (considérée par Fourier) égale
à -1 pour x négatif, à $+1$ pour x positif ([1]). Les seules fonctions *continues* qui admettent $f(x)$ pour dérivée, sauf pour la
valeur singulière $x = 0$, sont les fonctions (considérées par Cauchy) $K + \sqrt{x^2}$; si l'on considère ces fonctions comme des intégrales indéfinies, on en déduit la valeur de l'intégrale définie
de $f(x)$ dans tout intervalle ([2]).

([1]) Cette fonction, non définie pour $x = 0$, admet, comme on sait, un développement trigonométrique; on peut aussi la noter $\dfrac{+\sqrt{x^2}}{x}$.

([2]) Il est bon d'ajouter que les intégrales définies, que l'on peut ainsi attacher
aux deux espèces de fonctions discontinues que l'on vient de considérer, permettent d'exprimer les coefficients du développement trigonométrique des fonctions à l'aide des formules d'Euler et de Fourier qui servent dans le cas des
fonctions continues.

Cauchy énonce d'une manière très précise la définition dont on vient de voir deux applications. Pour lui, *si une fonction $f(x)$ est continue dans un intervalle (a, b), sauf en un point c, au voisinage duquel $f(x)$ est bornée ou non* (¹), *on peut définir l'intégrale de $f(x)$ dans (a, b) si les deux intégrales*

$$\int_a^{c-h} f(x)\,dx \quad \text{et} \quad \int_{c+h}^b f(x)\,dx$$

tendent vers des limites déterminées quand h tend vers zéro; alors on a par définition

$$\int_a^b f(x)\,dx = \lim_{h=0}\left[\int_a^{c-h} f(x)\,dx + \int_{c+h}^b f(x)\,dx\right] \quad (^2).$$

Si dans (a, b) il existe plusieurs points de discontinuité, on partage (a, b) en assez d'intervalles partiels pour que, dans chacun d'eux, il n'existe plus qu'un seul point singulier; on applique à chaque intervalle la définition précédente, si cela est possible; on fait ensuite la somme des nombres ainsi obtenus.

C'est à ces définitions que se rattachent les critères connus relatifs à l'existence des intégrales des fonctions infinies autour d'un point.

Pour des recherches relatives à la théorie des fonctions et en particulier pour l'étude des séries trigonométriques, Lejeune-Dirichlet a étendu la notion d'intégrale. Les recherches de Lejeune-Dirichlet, qu'il avait annoncées lui-même, n'ont jamais été publiées; mais, d'après Lipschitz, on peut les résumer comme il suit.

Soit une fonction $f(x)$ définie dans un intervalle fini (a, b), dans lequel il faut l'intégrer; soit e l'ensemble des points de

---

(¹) Cauchy ne se préoccupe pas de la valeur de la fonction pour $x = c$. D'ailleurs, pour lui, si $f(x)$ tend vers une valeur déterminée quand x tend vers c, cette valeur limite est $f(c)$; s'il n'en est pas ainsi, $f(c)$ est l'une quelconque des valeurs comprises entre la plus petite et la plus grande des limites de $f(x)$. Dans quelques Mémoires, P. du Bois-Reymond a repris ces conventions.

(²) Cauchy s'occupe aussi du cas où le second membre de cette égalité aurait un sens, sans que les deux intégrales qui y figurent aient des limites. Dans ce cas, il appelle ce second membre la *valeur principale de l'intégrale* $\int_a^b f(x)\,dx$.

discontinuité de $f(x)$. Si e ne contient qu'un nombre fini de points, nous appliquons les définitions de Cauchy.

D'après Lipschitz, le cas qu'étudie Dirichlet est celui où le dérivé e' de e ne contient qu'un nombre fini de points, comme cela se présente, par exemple, pour la fonction $\dfrac{1}{\sin\dfrac{1}{x}}$, où e' ne contient que $x = 0$.

Les points de e' divisent alors (a, b) en un nombre fini d'intervalles partiels, soit (α, β) l'un d'eux. Dans $(\alpha + h, \beta - k)$, il n'y a qu'un nombre fini de points de e. Si dans cet intervalle les définitions de Cauchy ne s'appliquent pas, on dira que la fonction n'a pas d'intégrale dans (a, b). Si au contraire elles s'appliquent, on considère l'intégrale $\displaystyle\int_{\alpha+h}^{\beta-k} f(x)\,dx$ et l'on fait tendre simultanément h et k vers zéro suivant des lois quelconques. Si l'on n'obtient pas une limite déterminée, $f(x)$ n'a pas d'intégrale dans (a, b); si au contraire on a une limite déterminée, on pose

$$\int_{\alpha}^{\beta} f(x)\,dx = \lim_{h=0,\,k=0} \int_{\alpha+h}^{\beta-k} f(x)\,dx.$$

L'intégrale dans (a, b) est, par définition, la somme des intégrales dans les intervalles (α, β).

On voit que la définition de Dirichlet repose sur les mêmes principes que celle de Cauchy; la définition générale qui découle de ces principes peut s'énoncer ainsi :

Une fonction $f(x)$ a une intégrale dans un intervalle fini (a, b) s'il existe dans (a, b) une fonction continue $F(x)$, et une seule à une constante additive près, telle que l'on ait

$$(1) \qquad \int_{\alpha}^{\beta} f(x)\,dx = F(\beta) - F(\alpha),$$

dans tout intervalle où $f(x)$ est continue. $F(x)$ est l'intégrale indéfinie de $f(x)$ et l'on a

$$\int_{a}^{b} f(x)\,dx = F(b) - F(a).$$

Pour que cette définition s'applique, il faut d'abord qu'il existe une fonction continue $F(x)$ vérifiant la formule (1). Ceci revient, dans les deux cas traités par Cauchy et Dirichlet, à supposer l'existence des limites qui ont servi dans la définition. Nous supposerons cette condition remplie et nous allons chercher comment doivent être distribués les points singuliers de $f(x)$ pour que cette fonction ait une intégrale. Au point de vue qui nous occupe, les points singuliers de $f(x)$ sont ceux qui ne sont intérieurs à aucun intervalle dans lequel $f(x)$ est continue; ce sont donc les points de e et ceux de e', ces points forment un ensemble que nous désignerons par E. Tout point limite de points de E, par sa définition même, est aussi point de E; E contient donc tous ses points limites. C'est un des ensembles que M. Jordan appelle *parfaits* et M. Borel *relativement parfaits;* nous appellerons un tel ensemble un *ensemble fermé*.

Pour que la formule (1) définisse entièrement $F(x)$, il faut que, dans tout intervalle, il en existe un autre où $f(x)$ est continue. L'ensemble E doit donc être tel que, dans tout intervalle, s'en trouve un autre qui ne contienne pas de points de E; c'est ce que l'on exprime en disant que E doit être non dense dans tout intervalle ([1]).

Cette propriété de E n'est nullement suffisante; pour énoncer la propriété nécessaire et suffisante que doit vérifier E, il faut avoir recours aux propriétés des ensembles dérivés.

L'ensemble fermé E a des dérivés successifs E', E'', ..., E^{ω}, ...; on sait que, si l'un des dérivés est nul, E est dit *réductible,* c'est un ensemble dénombrable; sinon l'un des dérivés est parfait, E et tous ses dérivés ont la puissance du continu ([2]).

Ce sont ces propriétés qui vont nous servir. Supposons qu'il existe une fonction $F(x)$ satisfaisant à l'égalité (1) dans tous les

---

([1]) P. du Bois-Reymond, auquel est due la distinction des deux classes remarquables d'ensembles, que nous appelons *ensembles denses* dans tout intervalle d'une part et *ensembles non denses* dans tout intervalle d'autre part, appelle les premiers *systèmes pantachiques* ou *pantachies* et les seconds *systèmes apantachiques* ou *apantachies*. C'est aussi du Bois-Reymond qui a donné le procédé général de formation des ensembles fermés et des apantachies, procédé qui consiste à enlever d'un intervalle des intervalles en nombre fini ou dénombrable convenablement choisis. Au sujet des ensembles fermés et des ensembles non denses, *voir* Borel, *Leçons sur la théorie des fonctions,* Chapitre III.

([2]) *Voir* la Note placée à la fin du Volume.

intervalles où $f(x)$ est continue et recherchons si $F(x)$ est bien déterminée; lorsqu'il en sera ainsi, l'égalité (1) servira de définition à l'intégrale.

Nous nous appuierons sur cette remarque évidente : si l'intégrale $\int_\alpha^\beta f(x)\,dx$, qui figure au premier membre de (1), a un sens dans tous les intervalles qui ne contiennent aucun des points x_1, x_2, ..., x_n, en nombre fini, les différentes fonctions continues $F(x)$ satisfaisant toujours à l'égalité (1) ne peuvent différer que par une constante.

Si E ne contient qu'un nombre fini de points, $F(x)$ est donc bien déterminée, d'où la définition de Cauchy.

Le premier membre de (1) a maintenant un sens dans tout intervalle ne contenant pas de points de E′; donc, si E′ n'a qu'un nombre fini de points, $F(x)$ est bien déterminée, d'où la définition de Dirichlet-Lipschitz.

On passe de là au cas où E″, E‴, ..., E^n ne contient qu'un nombre fini de points.

Dans tout intervalle où E^ω n'a pas de points, $F(x)$ est donc bien déterminée (¹) et, par suite, le premier membre de (1) a un sens dans un tel intervalle; de là on conclut que $F(x)$ est bien déterminée quand E^ω n'a qu'un nombre fini de points. On passe ensuite au cas où $E^{\omega+1}$, $E^{\omega+2}$, ... n'a qu'un nombre fini de points; puis au cas où c'est $E^{2\omega}$ qui jouit de cette propriété, et ainsi de suite.

Nous voyons ainsi que, si E est réductible, $F(x)$ est bien déterminée, de sorte que notre définition s'applique; il existe alors une intégrale que l'on obtient par l'application répétée de la méthode de Cauchy-Dirichlet.

Pour avoir des exemples de fonctions auxquelles s'applique cette méthode, il suffit de prendre un ensemble réductible E, de ranger ses points en suite simplement infinie, x_1, x_2, ..., et de former la série

$$f(x) = \sin\frac{1}{x-x_1} + \frac{1}{2}\sin\frac{1}{x-x_2} + \ldots + \frac{1}{2^p}\sin\frac{1}{x-x_{p+1}} + \ldots \quad (^2).$$

(¹) Car, dans un tel intervalle, l'un des E^n n'a qu'un nombre fini de points.

(²) D'après les propriétés des séries uniformément convergentes, $f(x)$ a tous

Supposons maintenant que l'ensemble E des points singuliers de $f(x)$ ne soit pas réductible. Nous allons voir que, s'il existe une fonction $F(x)$ satisfaisant à la condition (1) dans tout intervalle où $f(x)$ est continue, il en existe une infinité.

Soit E^α celui des dérivés de E qui est parfait; E^α s'obtient en enlevant de l'intervalle considéré (a, b) les points *intérieurs* à des intervalles δ_1, δ_2, ..., qui forment une suite dénombrable si E est non dense dans tout intervalle, ce qui est le seul cas qui nous intéresse (¹).

Définissons une fonction $\varphi(x)$ par la condition d'être nulle pour $x = a$, égale à 1 pour $x = b$. En tous les points de δ_1, $\varphi(x) = \frac{1}{2}$. En tous les points de δ_2, $\varphi(x) = \frac{1}{4}$, si δ_2 est entre a et δ_1; et $\varphi(x) = \frac{3}{4}$, si δ_2 est entre δ_1 et b. D'une façon générale, ayant attribué à $\varphi(x)$, dans δ_1, δ_2, ..., δ_{n-1}, les valeurs Δ_1, Δ_2, ..., Δ_{n-1}, on attribue à $\varphi(x)$, dans δ_n, la valeur $\frac{\Delta_i + \Delta_j}{2}$, i et j étant les indices des deux intervalles δ_1, δ_2, ..., δ_{n-1} qui comprennent δ_n.

Tout point de E^α est limite de points de certains intervalles δ_n; il est facile de voir que si des points de δ_{α_1}, δ_{α_2}, ... tendent vers x, Δ_{α_1}, Δ_{α_2}, ... tendent vers une limite déterminée; on prend cette limite pour valeur de $\varphi(x)$. $\varphi(x)$ est ainsi partout déterminée, c'est une fonction continue non constante dans (a, b) et, cependant, constante dans tout intervalle ne contenant pas de points de E. De sorte que, s'il existe une fonction $F(x)$ satisfaisant à l'égalité (1), dans tout intervalle où il n'y a pas de points de E, $F(x) + \varphi(x)$ satisfait aussi à cette condition.

Maintenant, si l'on remarque que E et e sont réductibles en même temps (²), on voit que, *pour que la définition adoptée*

---

les points de E pour points de discontinuité. On verra facilement que la série précédente est intégrable terme à terme.

Pour des exemples d'ensembles réductibles, *voir* la Note.

(¹) Car si E est dense dans un intervalle, $F(x)$ est certainement indéterminée.

(²) Il faut bien remarquer que e peut être dénombrable sans que E le soit, e est alors un ensemble dénombrable non réductible; c'est le cas de l'ensemble des nombres rationnels.

s'applique, il faut et il suffit que l'ensemble des points de discontinuité de la fonction à intégrer $f(x)$ soit réductible et qu'il existe une fonction continue $F(x)$ vérifiant (1) dans les intervalles où $f(x)$ est continue.

CHAPITRE II.

LA DÉFINITION DE L'INTÉGRALE DONNÉE PAR RIEMANN.

I. — *Propriétés relatives aux fonctions.*

Les fonctions auxquelles s'appliquent les définitions précédentes peuvent avoir une infinité de points de discontinuité; mais ces points sont encore exceptionnels, en ce sens qu'ils forment un ensemble non dense. Dirichlet a rencontré incidemment la fonction

$$\chi(x) = \lim_{m=\infty} \left[\lim_{n=\infty} (\cos m! \, \pi x)^{2n} \right],$$

dont tous les points sont des points de discontinuité, puisqu'elle est nulle pour x irrationnel, égale à 1 pour x rationnel. Les considérations de Cauchy et de Dirichlet ne s'appliquent donc pas à toutes les fonctions au sens de Cauchy. Riemann (^{1}) a montré, sur un exemple, comment l'emploi des séries permettait de construire des fonctions dont les points de discontinuité forment un ensemble partout dense, fonctions auxquelles les définitions précédentes ne peuvent donc s'appliquer.

Soit (x) la différence entre x et l'entier le plus voisin; si x est égal à un entier plus $\frac{1}{2}$, on prend $(x) = 0$. La fonction ainsi définie se nomme *excès de x*; c'est une fonction au sens de Cauchy, car elle admet un développement de Fourier, procédant suivant les lignes trigonométriques des multiples de $2\pi x$, qui est partout convergent. Considérons la fonction, au sens de Cauchy,

$$f(x) = \frac{(x)}{1^2} + \frac{(2x)}{2^2} + \frac{(3x)}{3^2} + \dots;$$

(^{1}) Sur la possibilité de représenter une fonction par une série trigonométrique. (*Bulletin des Sciences mathématiques*, 1873 et *OEuvres de Riemann.*)

on voit immédiatement que si x n'est pas de la forme $\dfrac{2p+1}{2n}$ (n et $2p+1$ étant premiers entre eux) $f(x)$ est continue ([1]). Au contraire, si x est de la forme indiquée, quand x tend en croissant vers $\dfrac{2p+1}{2n}$, $f(x)$ tend vers une limite que l'on note

$$f\left(\frac{2p+1}{2n} - 0\right) \quad ([2])$$

et qui est

$$f\left(\frac{2p+1}{2n} - 0\right) = f\left(\frac{2p+1}{2n}\right) + \frac{\pi^2}{16\,n^2};$$

quand x tend vers $\dfrac{2p+1}{2n}$ en décroissant, $f(x)$ tend vers

$$f\left(\frac{2p+1}{2n} + 0\right) = f\left(\frac{2p+1}{2n}\right) - \frac{\pi^2}{16\,n^2}.$$

Dans tout intervalle, $f(x)$ a des points de discontinuité; les considérations du Chapitre précédent ne sont pas applicables à $f(x)$.

En employant un procédé analogue à celui de Riemann, il était possible de former de nombreux exemples de fonctions très discontinues. En utilisant la notion maintenant classique de série uniformément convergente, il est facile de donner un énoncé général : une série uniformément convergente de fonctions discontinues f_n définit une fonction f qui admet pour points de discontinuité tous les points de discontinuité des fonctions f_n, pourvu que chacun de ces points ne soit point de discontinuité que pour une seule fonction f_n. Lorsqu'il n'en est pas ainsi, comme dans l'exemple de Riemann, il faut rechercher si les différentes discontinuités, que l'on rencontre pour la valeur considérée, ne se compensent pas de telle manière que f soit continue.

On a souvent l'occasion d'appliquer un procédé analogue, quand, connaissant des fonctions f_n qui présentent une certaine singularité en des points isolés A_n, on veut construire une fonction présentant cette singularité dans tout intervalle. On essaie si l'on n'obtiendrait pas le résultat désiré en prenant une série unifor-

---

([1]) On s'appuiera sur la convergence uniforme de la série $f(x)$.
([2]) Cette notation est due à Dirichlet.

mément convergente de fonctions f_n, telles que les A_n correspondants forment un ensemble partout dense. C'est cette méthode de construction qui a reçu le nom de *principe de condensation des singularités* (^{1}).

Les exemples de Riemann montrent que les fonctions, auxquelles les procédés de définition examinés dans le Chapitre précédent ne peuvent s'appliquer, ne forment pas une classe très particulière dans l'ensemble des fonctions au sens de Cauchy. Et comme la restriction (^{2}) que nous avons imposée, avec Cauchy, aux fonctions $f(x)$, savoir que la relation entre $f(x)$ et x soit exprimable analytiquement, n'est jamais intervenue dans nos raisonnements, elle n'a simplifié ni les énoncés, ni les solutions des problèmes que nous nous sommes proposés. Il n'y a donc aucun inconvénient à dire, avec Riemann : *y est fonction de x si, à chaque valeur de x, correspond une valeur de y bien déterminée, quel que soit le procédé qui permet d'établir cette correspondance.* C'est cette définition que nous adopterons maintenant; seulement, au lieu de supposer toujours que x peut être pris quelconque dans un intervalle (a, b), nous supposerons quelquefois que x doit être pris dans un certain ensemble E pour les points duquel la fonction y sera ainsi définie, sans l'être pour tous les points d'un intervalle. Par exemple, la fonction $\left[\dfrac{1}{x}\right]!$ est définie pour l'ensemble des inverses des entiers positifs.

Avant d'entreprendre l'étude de l'intégration des fonctions au sens de Riemann je vais donner celles de leurs propriétés qui nous seront utiles dans la suite.

Si l'on sait qu'une fonction reste toujours comprise entre deux nombres finis A et B, on dit qu'elle est bornée (^{3}). C'est à l'étude

---

(^{1}) Cette dénomination est due à Hankel. Hankel avait cru pouvoir faire des raisonnements généraux au sujet de cette méthode, mais ce qu'il y a d'exact dans ses raisonnements se réduit à des applications immédiates des propriétés connues des séries uniformément convergentes.

(^{2}) J'ai déjà dit (note 2, p. 4) que cette restriction est peut-être illusoire.

(^{3}) Il est bien entendu qu'une fonction non bornée peut être cependant toujours finie; c'est le cas de la fonction $f(x)$ telle que

$$f(0) = 0, \quad f(x) = \frac{1}{x} \quad \text{pour} \quad x \neq 0.$$

des fonctions bornées que l'on s'est le plus souvent limité ([1]). Lorsqu'une fonction est bornée, elle admet une *limite supérieure* L et une *limite inférieure* l; ces nombres sont définis, on le sait, par la condition que (l, L) soit le plus petit intervalle contenant toutes les valeurs de $f(x)$. $\omega = L - l$ est dit *l'oscillation de* $f(x)$.

Soit A un point limite de l'ensemble E dans lequel $f(x)$ est définie ([2]). Soit δ_1 un intervalle contenant A; dans cet intervalle il existe des points de E; ils forment un ensemble e_1. La fonction $f(x)$ définie sur e_1 admet des limites supérieure et inférieure, L_1, l_1, une oscillation ω_1. Soit δ_2 un intervalle contenant A et compris dans δ_1, il lui correspond les nombres L_2, l_2, ω_2; et l'on a évidemment

$$l_1 \leq l_2 \leq L_2 \leq L_1, \qquad L_2 - l_2 = \omega_2 \leq \omega_1.$$

Si nous considérons des intervalles δ_1, δ_2, δ_3, ... contenant tous A et compris les uns dans les autres, nous avons une suite de limites supérieures et inférieures vérifiant les inégalités

$$l_1 \leq l_2 \leq l_3 \leq \ldots \leq L_3 \leq L_2 \leq L_1.$$

Les l_i d'une part, les L_i d'autre part, tendent donc vers deux limites l et L $(l \leq L)$ et les ω_i tendent vers

$$\omega = L - l.$$

Nous allons voir que les nombres ainsi obtenus, L, l, ω, sont aussi les limites des nombres L_i', l_i', ω_i' correspondant à des intervalles δ_i' contenant A et dont les deux extrémités tendent vers A quand i augmente indéfiniment; en d'autres termes, ils sont indépendants du choix des intervalles δ_i et l'on peut supposer que ces intervalles ne sont pas contenus nécessairement les uns dans les autres. En effet, i étant choisi arbitrairement, si j est assez grand, δ_j' est contenu dans δ_i, si k est assez grand, δ_i; est contenu dans δ_j'

([1]) On constate souvent que des questions très simples à traiter lorsqu'on se limite aux fonctions bornées sont, au contraire, très compliquées pour les fonctions les plus générales. Aussi j'ai indiqué soigneusement dans la suite si les théorèmes obtenus sont valables pour toutes les fonctions ou seulement pour des fonctions bornées; tandis que, le plus souvent, on omet d'indiquer explicitement que les fonctions dont on s'occupe sont bornées.

([2]) A ne fait pas nécessairement partie de E.

donc on a

$$l_i \leqq l'_j \leqq l_k \leqq L_k \leqq L'_j \leqq L_i,$$

ce qui suffit à démontrer la propriété.

Les nombres L, *l*, ω *sont appelés le maximum ou limite supérieure, le minimum ou limite inférieure et l'oscillation de la fonction en* A. A est un point de continuité ou de discontinuité, suivant que ω est nul ou positif, c'est-à-dire suivant que L et *l* sont égaux ou inégaux.

Si x_0 est l'abscisse de A et si l'on convient de ne considérer que les valeurs de x supérieures à x_0 $(x > x_0)$, on obtient le maximum M_d, le minimum m_d et l'oscillation ω_d à droite en A. Si $\omega_d = 0$, c'est-à-dire si $M_d = m_d$, $f(x_0 + 0)$ existe et est égale à M_d. Si $M_d = m_d = f(x_0)$, la fonction $f(x)$ est dite *continue à droite*. On définit de même les nombres M_g, m_g, ω_g ([1]).

Si ω_d et ω_g sont nuls, c'est-à-dire si $f(x_0 + 0)$ et $f(x_0 - 0)$ existent, la discontinuité est dite *de première espèce*, sinon elle est dite *de seconde espèce*.

Toutes ces définitions pourraient être données pour des fonctions non bornées; rien ne serait changé, sauf que les nombres définis ne seraient plus nécessairement finis.

Aux notions précédentes, on peut rattacher la notion de *limite d'indétermination* qui nous sera souvent utile; cette notion est due à P. du Bois-Reymond.

Un procédé de calcul fournit, dans certaines conditions, un nombre déterminé φ; dans d'autres conditions, au contraire, il ne fournit plus un nombre déterminé, mais, suivant la manière dont on l'applique, il fournit différents nombres qui forment un ensemble A. On peut alors, ou dire que le procédé ne fournit plus aucun nombre, ou dire que le procédé donne pour nombre φ l'un quelconque des nombres de A. Le nombre φ est ainsi considéré comme indéterminé. Le plus petit intervalle qui contient tous les points de A, soit à son intérieur, soit confondus avec ses

---

([1]) La définition précédente est celle des maximum, minimum, oscillation de $f(x)$ à droite de x_0, x_0 étant exclu. On considère aussi souvent les mêmes nombres, x_0 n'étant pas exclu; il faut alors prendre les valeurs de x égales ou supérieures à x_0 $(x \geq x_0)$.

Sauf avis contraire, je me servirai toujours de la définition du texte.

extrémités, a pour origine et pour extrémités *les limites infé-rieure et supérieure d'indétermination* du nombre φ. Ces limites sont finies ou infinies, elles ne font pas nécessairement partie de A.

Par exemple, on donne l'expression

$$\varphi = \lim_{n=\infty} x^n,$$

où n est entier. φ est nul pour $|x| < 1$; pour calculer φ dans ce cas on peut choisir arbitrairement une suite d'entiers croissant $n_1, n_2, \ldots$ et prendre la limite de la suite x^{n_i} correspondante. Si x n'est plus compris entre -1 et $+1$, en opérant ainsi et en choisissant convenablement les n_i, on aura encore une limite, mais cette limite dépendra en général du choix des n_i. Pour $x = -1$, l'ensemble A de ces limites contient les deux seuls nombres -1 et $+1$ qui sont les limites d'indétermination. Pour $x < -1$, l'ensemble A ne contient que $+\infty$ et $-\infty$ qui sont les deux limites d'indétermination.

Pour $x = 1$, φ est égal à 1. Pour $x > 1$, φ est égal à $+\infty$.

La notion des limites d'indétermination peut souvent être remplacée par la notion plus simple de *plus petite* et de *plus grande limite,* notion que l'on doit à Cauchy.

Supposons que le nombre φ soit défini comme la limite pour $\lambda = \lambda_0$ d'un nombre $\psi(\lambda)$; λ prendra toutes les valeurs possibles ou seulement celles d'un certain ensemble dont λ_0 est un point limite $\left(\text{l'exemple précédent se ramène à ce cas si l'on prend } \lambda = \dfrac{1}{n},\right.$ où n est entier, et $\lambda_0 = 0\Big)$. La fonction $\psi(\lambda)$ n'est pas définie pour $\lambda = \lambda_0$, mais nous savons qu'*elle a pour* $\lambda = \lambda_0$ *une limite infé-rieure l et une limite supérieure* L [1]; ces nombres, finis ou non, sont respectivement *la plus petite et la plus grande des limites* que l'on peut obtenir quand, dans $\psi(\lambda)$, on fait tendre λ vers λ_0. l et L sont les deux limites d'indétermination précédemment définies; mais, dans le cas qui nous occupe, ces nombres sont compris dans l'ensemble A des valeurs limites, tandis que, dans le cas général, ils font seulement partie de A ou du dérivé A' de A.

---

[1] Ces dénominations sont celles qu'adopte M. J. Hadamard.

Mais il se peut aussi, et l'on en verra bientôt des exemples, que la fonction $\psi(\lambda)$ ne soit plus une fonction bien déterminée, mais soit une *fonction à plusieurs déterminations*.

On dit que l'on a une telle fonction si, à chaque valeur de λ, prise dans un certain ensemble où la fonction est définie, on fait correspondre un ensemble de nombres; chacun de ces nombres est représenté par la notation $\psi(\lambda)$. Ce qui a été dit relativement aux limites supérieure et inférieure pour les fonctions à une seule détermination, s'applique sans aucun changement aux fonctions à déterminations multiples. $\psi(\lambda)$ a donc une *limite inférieure l et une limite supérieure* L *pour* $\lambda = \lambda_0$, qui sont, respectivement, *la plus petite et la plus grande des limites* que l'on peut atteindre en choisissant une suite de nombres λ_i tendant vers λ_0 et en choisissant convenablement les nombres $\psi(\lambda_i)$ correspondants. Ces deux nombres sont *les limites d'indétermination de la limite de* $\psi(\lambda)$ *quand* λ *tend vers* λ_0 (¹).

Revenons maintenant à l'étude des fonctions.

Il y a une relation très simple entre les oscillations relatives aux intervalles contenus dans (a, b) et les oscillations aux divers points de (a, b). On peut l'exprimer ainsi :

Si, en tous les points de (a, b), *l'oscillation est au plus égale à* ω, *dans tout intervalle intérieur à* (a, b) *et de longueur* λ, *l'oscillation est inférieure à* ω + ε *dès que* λ *est assez petit*, ε *étant un nombre positif quelconque.*

S'il en était autrement, ou pourrait trouver des couples de points a_p, b_p, tels que $b_p - a_p$ tende vers zéro et que l'on ait

$$|f(b_p) - f(a_p)| > \omega + \varepsilon.$$

L'ensemble des a_p a, au moins, un point limite α. Si l'on prend une suite de valeurs a_p tendant vers α, les b_p tendent aussi vers α, donc en α l'oscillation est au moins ω + ε. Il y a là une contradiction avec l'hypothèse.

(¹) Du Bois-Reymond dit simplement « les limites d'indétermination de $\psi(\lambda)$ pour $\lambda = \lambda_0$ ». Cela tient à l'idée que se faisait du Bois-Reymond de la valeur d'une fonction en un point de discontinuité (note 1, p. 9).

Je crois qu'il vaut mieux adopter le langage du texte, plus conforme aux idées modernes sur la détermination des fonctions.

La propriété est démontrée. Dans le cas où $\omega = 0$, elle se réduit à ce fait bien connu : une fonction continue en tous les points d'un intervalle est continue dans cet intervalle ([1]).

La réciproque de cette propriété n'est pas vraie. Soit une fonction égale à — 1 pour x négatif, à + 1 pour x positif, nulle pour x nul. Son oscillation pour $x = 0$ est 2 et, cependant, si l'on emploie le point de division $x = 0$, la fonction a une oscillation seulement égale à 1 dans chacun des deux intervalles obtenus.

Nous allons maintenant définir l'oscillation moyenne d'une fonction bornée $f(x)$ définie dans un intervalle fini (a, b). Partageons (a, b) en intervalles partiels $\delta_1, \delta_2, \ldots, \delta_n$. Soit ω_i l'oscillation de $f(x)$ dans l'intervalle δ_i, les extrémités de δ_i étant ou non considérées comme faisant partie de l'intervalle. Et formons la quantité

$$A = \frac{\delta_1 \omega_1 + \delta_2 \omega_2 + \ldots + \delta_n \omega_n}{b - a}.$$

Si Ω est l'oscillation de $f(x)$ dans (a, b), $\omega_1, \omega_2, \ldots \omega_n$ étant au plus égaux à Ω, A est au plus égale à Ω. Si donc nous divisons δ_i en intervalles partiels $\delta_i^1, \delta_i^2, \ldots, \delta_i^{p_i}$, auxquels correspondent les oscillations $\omega_i^1, \omega_i^2, \ldots, \omega_i^{p_i}$, on a

$$\delta_i \omega_i \geqq \sum_{j=1}^{j=p_i} \delta_i^j \omega_i^j.$$

En subdivisant les intervalles δ_i on remplace donc A par un nombre plus petit.

Considérons deux séries de divisions de (a, b) en intervalles partiels; aux divisions de la première série correspondent les nombres $A_1, A_2, \ldots$, à celles de la seconde les nombres $\alpha_1, \alpha_2, \ldots$. Nous supposons que, pour chacune des deux séries, le maximum de la longueur des intervalles employés dans la $i^{\text{ème}}$ division tend vers zéro avec $\frac{1}{i}$ ([2]); dans ces conditions nous allons voir que les A_i et α_i ont une même limite.

([1]) C'est cette propriété que l'on énonce : la continuité est uniforme. On exprime par là que la quantité $\eta(\varepsilon)$ peut être choisie uniformément dans l'intervalle considéré, c'est-à-dire indépendamment de la variable x.

([2]) Les points de division employés dans la $i^{\text{ème}}$ division ne sont pas nécessai-

Comparons A_i et α_j : les intervalles qui seront dans la division Δ_j qui donne α_j sont de deux espèces : les uns, les intervalles d, contiennent à leur intérieur des points de la division D_i qui donne A_i ; les autres, les intervalles d', sont compris dans des intervalles de D_i. La contribution des intervalles d au numérateur de α_j est au plus $n\lambda_j\Omega$, si n est le nombre des points de division de D_i et λ_j le maximum de la longueur des intervalles de Δ_j. Les intervalles d' font partie de la division Δ'_j obtenue en réunissant les points de division de D_i et Δ_j, donc ils fournissent au numérateur de α_j une contribution au plus égale à $(b-a)A'_j$, où A'_j est le nombre analogue à A et relatif à Δ'_j. Mais, puisque l'on sait que A'_j est au plus égal à A_i, on en déduit

$$\alpha_j \leqq A_i + n\lambda_j\Omega.$$

Tous les α_j, à partir d'un certain indice, sont inférieurs à $A_i + \varepsilon\,(\varepsilon > o)$; donc leur plus grande limite est au plus $A_i + \varepsilon$ et, puisque i et ε sont quelconques, la plus grande limite de α_j est au plus égale à la plus petite des A_i. Rien n'empêche d'échanger dans le raisonnement A_i et α_j ; donc, toutes les limites des A_i et des α_j sont égales, A_i tend vers une limite déterminée. Cette limite ω est *l'oscillation moyenne de la fonction dans* (a, b).

Il faut remarquer ce que nous avons démontré : A_i tend uniformément vers ω ; c'est-à-dire que, dès que tous les intervalles sont inférieurs à un certain nombre λ, le nombre A ne diffère de ω que d'une quantité inférieure à ε choisi à l'avance.

II. — *Conditions d'intégrabilité.*

Ces définitions posées, j'arrive à la définition de l'intégrale telle que l'a donnée Riemann.

Riemann porte son attention sur le procédé opératoire qui permet, dans le cas des fonctions continues, de calculer l'intégrale avec telle approximation que l'on veut, et il se demande dans quels

---

rement employés dans la $i+1^{\text{ième}}$; en d'autres termes, pour passer d'une division à la suivante, on ne subdivise pas les intervalles de cette division, on marque de nouveaux intervalles sans s'occuper de ceux précédemment employés.

cas ce procédé, appliqué à des fonctions discontinues, donne un nombre déterminé.

Soit une fonction bornée $f(x)$ définie dans un intervalle fini (a, b). Divisons (a, b) en intervalles partiels $\delta_1, \delta_2, \ldots, \delta_n$ et choisissons arbitrairement, quel que soit i, un point x_i dans δ_i ou confondu avec l'une des extrémités de δ_i. Considérons la somme

$$S = \delta_1 f(x_1) + \delta_2 f(x_2) + \ldots + \delta_n f(x_n).$$

Augmentons constamment le nombre des intervalles δ et choisissons-les de telle manière que le maximum de leur longueur tende vers zéro ([1]). Alors, si S tend vers une limite déterminée, indépendante des intervalles et des points x_i choisis, Riemann dit que la fonction $f(x)$ est *intégrable* et a pour intégrale, dans (a, b), la limite de S.

Lorsque $\delta_1, \delta_2, \ldots, \delta_n$ sont choisis, le nombre S n'est pas entièrement déterminé; ses limites inférieure et supérieure d'indétermination sont :

$$\underline{S} = \Sigma l_i \delta_i, \qquad \overline{S} = \Sigma L_i \delta_i,$$

où l_i et L_i représentent les limites inférieure et supérieure de $f(x)$ dans δ_i. Posons $L_i - l_i = \omega_i$, alors

$$\overline{S} - \underline{S} = \Sigma \delta_i \omega_i.$$

Pour que L tende vers une limite déterminée, il faut d'abord que $\overline{S} - \underline{S}$ tende vers zéro; mais $\Sigma \delta_i \omega_i$ tend vers $(b - a)\omega$, où ω est l'oscillation moyenne de $f(x)$; donc, *pour que $f(x)$ soit intégrable, il faut qu'elle soit à oscillation moyenne nulle.*

Cette condition est suffisante. Pour le démontrer, il suffit de prouver que $\overline{S}$ a une limite bien déterminée, puisque $\overline{S} - \underline{S}$ tend vers zéro. Supposons, pour faire cette étude, que l'on raisonne non sur la fonction f, mais sur $f + k$, k étant une constante telle que $f + k$ ne *soit jamais négative*.

Soient les divisions $D_1, D_2, \ldots; \Delta_1, \Delta_2, \ldots$, telles que le maximum de la longueur des intervalles partiels tende vers zéro, ce maximum

est λ_j pour Δ_j. Soient $\overline{S_1}, \overline{S_2}, \ldots; \overline{\Sigma_1}, \overline{\Sigma_2}, \ldots,$ les nombres analogues à $\overline{S}$ et correspondant à ces divisions.

Comparons $\overline{S_i}$ et $\overline{\Sigma_j}$. Partageons les intervalles de Δ_j en deux
espèces, comme il a été dit dans l'étude de l'oscillation moyenne
(p. 23). Les intervalles d fournissent, dans $\overline{\Sigma_j}$, une contribution
au plus égale à $n\lambda_j L$, où L est le maximum de $f(x)$ dans (a, b).
Les intervalles d' figurent tous dans Δ'_j à laquelle correspond $\overline{\Sigma'_j}$;
donc, la contribution des intervalles d' dans $\overline{\Sigma_j}$ est au plus égale
à $\overline{\Sigma'_j}$. Mais Δ'_j s'obtient en morcelant les intervalles de D_i; il est
évident, dans ces conditions, que $\overline{\Sigma'_j}$ est au plus égale à $\overline{S_i}$. De
tout cela on tire

$$\overline{\Sigma_j} \leqq \overline{S_i} + n L \lambda_j.$$

De cette inégalité on conclut, comme précédemment, que $\overline{S_i}$
et $\overline{\Sigma_j}$ ont la même limite et même qu'ils tendent uniformément
vers cette limite.

La propriété est démontrée pour $f + k$, donc elle est vraie
pour f, car, en passant de f à $f + k$, on augmente toutes les
sommes $\overline{S}$ de $k(b - a)$.

Il est important, pour la suite, de remarquer que nous avons
démontré l'existence d'une limite pour $\overline{S}$ sans faire aucune hypothèse sur la fonction bornée $f(x)$. La condition que $f(x)$ est à
oscillation moyenne nulle est intervenue seulement lorsque, de
l'existence d'une limite pour $\overline{S}$, nous avons déduit l'existence
d'une limite pour S.

On peut transformer la condition d'intégrabilité obtenue : il faut
et il suffit que la somme $\Sigma \delta_i \omega_i$ tende vers zéro. Cela revient à
dire que les intervalles δ_i, dans lesquels ω_i est supérieure à un
nombre positif ε arbitrairement choisi, ont pour i assez grand une
longueur totale λ aussi petite que l'on veut, car on a :

$$\lambda \varepsilon \leqq \Sigma \delta_i \omega_i \leqq (b - a - \lambda)\varepsilon + \lambda \Omega,$$

Ω étant l'oscillation de $f(x)$ dans (a, b). On a ainsi l'énoncé
donné par Riemann :

*Pour qu'une fonction bornée soit intégrable dans (a, b), il
faut et il suffit qu'on puisse diviser (a, b) en intervalles*

partiels tels que la somme des longueurs de ceux de ces intervalles dans lesquels l'oscillation est plus grande que ε, quel que soit ε > o, soit aussi petite que l'on veut.

Si une telle division est possible, il s'en trouve une dans toute suite de divisions telles que le maximum de la longueur des intervalles partiels tende vers zéro, puisque, quelle que soit cette suite, $\Sigma \hat{o}_i \omega_i$ tend toujours vers le même nombre.

De cette propriété de $\Sigma \hat{o}_i \omega_i$ résulte aussi que, si à une suite de divisions de la nature considérée correspondent des nombres S et $\overline{S}$ ayant la même limite, nous pouvons affirmer l'intégrabilité de la fonction considérée.

La forme donnée par Riemann à la condition d'intégrabilité montre bien que les fonctions continues sont intégrables, mais elles ne met pas en évidence le rôle des points de discontinuité de la fonction. Paul du Bois-Reymond a mis ce rôle en évidence par une transformation de la condition d'intégrabilité. L'énoncé de du Bois-Reymond suppose connue la définition des *groupes intégrables*.

Un ensemble de points d'une droite constitue un groupe intégrable, si les points de l'ensemble peuvent être enfermés dans un nombre *fini* de segments dont la somme des longueurs est aussi petite que l'on veut (¹).

Un nombre fini de points constitue un groupe intégrable, mais la réciproque n'est pas vraie.

Considérons l'ensemble Z des points dont les abscisses sont données par la formule

$$x = \frac{a_1}{3} + \frac{a_2}{3^2} + \frac{a_3}{3^3} + \ldots,$$

dans laquelle tous les a sont égaux à o ou 2. Cet ensemble s'obtient en retranchant de l'intervalle (o, 1) d'abord les points intérieurs à l'intervalle $\left(\frac{1}{3}, \frac{2}{3}\right)$, puis les points intérieurs aux inter-

---

(¹) On peut, à volonté, considérer qu'un point est enfermé dans un intervalle, soit s'il est intérieur à cet intervalle ou confondu avec ses extrémités; soit, s'il est intérieur à l'intervalle, les extrémités exclues. Les deux définitions correspondantes des groupes intégrables sont évidemment identiques.

valles $\left(\frac{1}{3^2}, \frac{2}{3^2}\right)$, $\left(\frac{2}{3} + \frac{1}{3^2}, \frac{2}{3} + \frac{2}{3^2}\right)$, puis les points intérieurs aux intervalles $\left(\frac{1}{3^3}, \frac{2}{3^3}\right)$, $\left(\frac{2}{3^2} + \frac{1}{3^3}, \frac{2}{3^2} + \frac{2}{3^3}\right)$, $\left(\frac{2}{3} + \frac{1}{3^3}, \frac{2}{3} + \frac{2}{3^3}\right)$, $\left(\frac{2}{3} + \frac{2}{3^2} + \frac{1}{3^3}, \frac{2}{3} + \frac{2}{3^2} + \frac{2}{3^3}\right)$, ... On divise donc toujours chaque intervalle restant en trois parties égales et l'on enlève la partie du milieu. Après n de ces opérations, il reste 2^n intervalles; ces 2^n intervalles peuvent servir à enfermer ([1]) les points de Z; or, ils ont une longueur totale $\frac{2^n}{3^n}$, Z est donc un groupe intégrable. Cette construction de Z montre de plus qu'il est parfait, donc il a la puissance du continu ([2]).

Il est évident que l'ensemble formé par la réunion des points de deux groupes intégrables est un groupe intégrable.

Voici maintenant l'énoncé de du Bois-Reymond :

Pour qu'une fonction bornée soit intégrable, il faut et il suffit que, quel que soit $\varepsilon > 0$, les points où l'oscillation est supérieure à ε forment un groupe intégrable.

Supposons f intégrable, alors on peut diviser (a, b) en intervalles partiels tels que ceux dans lesquels l'oscillation est supérieure à ε aient une longueur totale inférieure à η. Un point où l'oscillation est supérieure à ε ne peut être contenu dans un intervalle où l'oscillation n'est pas supérieure à ε, donc un tel point est nécessairement l'un des points qui ont servi à la division de (a, b), ou bien il est dans les intervalles de longueur η. Les points de divisions étant en nombre fini, les points où l'oscillation est supérieure à ε peuvent être enfermés dans un nombre fini d'intervalles de longueur totale 2η, et, comme η est quelconque, ils forment un groupe intégrable.

Réciproquement, nous supposons que les points d'oscillation plus grande que ε forment un groupe intégrable. On peut donc les enfermer dans un nombre fini d'intervalles de longueur totale η. Employons ces intervalles I à la division de (a, b) et soient I' les

---

([1]) Enfermer est pris ici au sens large.

([2]) On peut dire aussi que Z a la puissance du continu parce qu'il dépend d'une infinité dénombrable de constantes entières $a_1, a_2, \ldots$.

autres intervalles. Dans chaque I′, il n'y a plus de points d'oscillation plus grande que ε, chacun de ces intervalles peut donc être divisé en intervalles partiels I″ dans chacun desquels l'oscillation est au plus 2ε. Les seuls intervalles, à oscillation plus grande que 2ε, sont donc certains des intervalles I; leur longueur totale est au plus η et cela suffit, d'après le *criterium* de Riemann, pour affirmer que *f* est intégrable.

Dans l'énoncé précédent, on peut remplacer l'ensemble G(ε) des points où l'oscillation est supérieure à ε par l'ensemble $G_1(ε)$ des points où l'oscillation n'est pas inférieure à ε, car $G\left(\dfrac{ε}{2}\right)$ contient $G_1(ε)$ qui contient lui-même G(ε).

L'ensemble $G_1(ε)$ jouit d'une propriété qui va nous permettre une dernière transformation de la condition d'intégrabilité : $G_1(ε)$ est fermé. En effet, si A est un point limite de $G_1(ε)$, tout intervalle contenant A contient des points de $G_1(ε)$ et *f* a une oscillation au moins égale à ε dans cet intervalle.

Pour le nouvel énoncé de la condition d'intégrabilité, je vais faire appel à une notion qu'on retrouvera dans la suite : celle d'ensemble de mesure nulle. C'est un ensemble dont les points peuvent être enfermés dans un nombre fini ou *une infinité dénombrable* d'intervalles dont la longueur totale est aussi petite que l'on veut.

Un point, un groupe intégrable sont des exemples d'ensembles de mesure nulle. L'ensemble E formé par la réunion d'un nombre fini ou d'une infinité dénombrable d'ensembles E_n de mesure nulle est évidemment aussi de mesure nulle (¹); tout ensemble dénombrable de points est de mesure nulle. Ceci suffit pour montrer la différence qu'il y a entre un ensemble de mesure nulle et un groupe intégrable : le premier peut être partout dense, le second est toujours non dense.

Soit *f(x)* une fonction intégrable, ses points de discontinuité sont ceux de l'ensemble obtenu par la réunion des groupes inté-

---

(¹) Car on peut enfermer E_n dans une infinité dénombrable d'intervalles $α_n$ de longueur totale $\dfrac{ε}{2^{n+1}}$ et l'ensemble E, somme des E_n, peut être enfermé dans l'infinité dénombrable d'intervalles $α_1 + α_2 + ..$ de longueur totale $\displaystyle\sum \dfrac{ε}{2^{n+1}} = ε$.

grables $G(1)$, $G\left(\dfrac{1}{2}\right)$, $G\left(\dfrac{1}{3}\right)$, $\ldots$; ils forment donc un ensemble de mesure nulle.

Soit maintenant une fonction bornée $f(x)$ dont les points de discontinuité forment un ensemble de mesure nulle. $G_1(\varepsilon)$ faisant partie de cet ensemble est de mesure nulle, et il est fermé ; nous démontrerons plus tard que cela suffit pour affirmer que $G_1(\varepsilon)$ est un groupe intégrable ([1]). f est intégrable.

Pour qu'une fonction bornée $f(x)$ soit intégrable, il faut et il suffit que l'ensemble de ses points de discontinuité soit de mesure nulle.

Comme exemple de fonction discontinue intégrable, Riemann cite la fonction

$$f(x) = \frac{(x)}{1} + \frac{(2x)}{4} + \frac{(3x)}{9} + \ldots .$$

Son intégrabilité résulte du fait que les seuls points de discontinuité, étant de la forme $x = \dfrac{2p+1}{2n}$, forment un ensemble dénombrable, donc de mesure nulle; ou encore, du fait que, l'oscillation étant $\dfrac{\pi^2}{8n^2}$ pour $x = \dfrac{2p+1}{2n}$, les points en lesquels l'oscillation est supérieure à ε sont en nombre fini.

Pour avoir une fonction intégrable ayant une infinité non dénombrable de points de discontinuité, reprenons l'ensemble Z qui a été défini précédemment (p. 26). La fonction $f(x)$ admettant la période 1, qui entre 0 et 1 est nulle pour tous les points, sauf pour les points de Z où elle est égale à 1, est intégrable. Ses points de discontinuité forment en effet le groupe intégrable Z; Z étant parfait a la puissance du continu ([2]).

Si l'on veut maintenant que, dans tout intervalle, il y ait un ensemble non dénombrable de points de discontinuité, il suffira d'appliquer le principe de condensation des singularités. On pourra

---

considérer, par exemple, la fonction

$$\varphi(x) = \frac{f(x)}{1} + \frac{f\left(\frac{x}{2}\right)}{2^2} + \frac{f\left(\frac{x}{3}\right)}{3^2} + \ldots.$$

Ses seuls points de discontinuité sont, d'après les propriétés des séries uniformément convergentes, ceux des fonctions $f(x)$, $f\left(\frac{x}{2}\right)$, $\ldots$; donc ils forment un ensemble de mesure nulle et φ est intégrable.

III. — *Propriétés de l'intégrale.*

Le raisonnement qui précède est général, il permet de démontrer que :

Une série uniformément convergente de fonctions intégrables est une fonction intégrable.

En effet les points de discontinuité de la fonction somme sont compris dans l'ensemble E formé des points de discontinuité des différents termes. Les points singuliers d'un terme forment un ensemble de mesure nulle, donc E est de mesure nulle et la série représente une fonction intégrable.

En particulier *la somme de deux fonctions intégrables est une fonction intégrable.* De même *le produit de deux fonctions intégrables est une fonction intégrable,* car les points de discontinuité du produit sont points de discontinuité pour l'un au moins des facteurs.

De même aussi, *si f est intégrable et que $\frac{1}{f}$ soit bornée, $\frac{1}{f}$ est intégrable; si f est intégrable, la racine $m^{ième}$ arithmétique de f, si elle existe, est intégrable; si f est positive et intégrable et φ intégrable, f^{φ} est intégrable;* etc.

L'opération $f(\varphi)$, appliquée à des fonctions intégrables, peut au contraire donner des fonctions non intégrables.

Prenons pour f une fonction partout égale à 1, sauf pour $x = 0$, où elle est nulle. f n'ayant qu'un point de discontinuité est intégrable. φ sera nulle pour x irrationnel et égale à $\frac{1}{q}$ pour x rationnel et égal à $\frac{p}{q}$ (p et q premiers entre eux). φ est intégrable puisque ses points de discontinuité, étant ceux d'abscisses rationnelles, forment un ensemble dénombrable.

La fonction $f(\varphi)$ est ici la fonction $\chi(x)$ de Dirichlet (p. 15), fonction non intégrable puisque tous ses points sont des points de discontinuité.

On peut préciser les deux premiers théorèmes qui viennent d'être obtenus. Soient f et φ deux fonctions intégrables; partageons l'intervalle où elles sont données en parties δ_1, δ_2, ..., δ_n dans lesquelles nous choisissons des valeurs x_1, x_2, ..., x_n. On a

$$\sum \delta_i [f(x_i) + \varphi(x_i)] = \sum \delta_i f(x_i) + \sum \delta_i \varphi(x_i);$$

or les trois sommes qui figurent dans cette égalité sont des valeurs approchées des intégrales de $f + \varphi$, f, φ; donc l'intégrale de $f + \varphi$ est la somme des intégrales de f et de φ ([1]).

L'intégrale d'une somme est la somme des intégrales. On suppose, bien entendu, qu'il s'agisse d'une véritable somme, c'est-à-dire de la somme d'un nombre fini de termes et non pas d'une série.

Pour arriver au cas des séries uniformément convergentes, il nous sera commode de nous servir du *théorème de la moyenne.*

Soit $f(x)$ une fonction comprise entre l et L dans (a, b). L'intégrale de f est, on le sait, la limite de la somme $S = \Sigma \delta_i f(x_i)$, mais on a

$$(b - a)l = \Sigma \delta_i l \leqq \Sigma \delta_i f(x_i) \leqq \Sigma \delta_i L = (b - a)L.$$

Donc S, et par suite sa limite, l'intégrale, est comprise entre $(b - a)l$ et $(b - a)L$; elle est donc de la forme $(b - a)\mu$, où μ est compris entre l et L, c'est le théorème de la moyenne.

Ce qui le distingue du théorème des accroissements finis, démontré pour les fonctions continues, c'est qu'il nous est impossible d'affirmer que μ est l'une des valeurs que prend f dans (a, b).

([1]) Il suffit de modifier légèrement la rédaction pour démontrer en même temps l'intégrabilité de $f + \varphi$, laquelle est supposée antérieurement démontrée dans le texte.

De ce théorème il résulte que, si le module de f est inférieur à ε, l'intégrale de f est en module inférieur à $|b - a|\varepsilon$.

Ceci posé, soit une fonction f somme d'une série uniformément convergente de fonctions intégrables

$$f = u_1 + u_2 + \ldots + u_n + \ldots$$

Soient s_n la somme des n premiers termes, r_n le reste correspondant, F, U_n, S_n, R_n les intégrales de f, u_n, s_n, r_n. S_n est la somme des n premiers termes de la série

$$U_1 + U_2 + \ldots + U_n + \ldots,$$

d'après le théorème sur l'intégration d'une somme. Ce même théorème montre que

$$F = S_n + R_n.$$

Or, dès que n est plus grand que n_1, r_n est en module inférieur à ε, donc R_n est en module inférieur à $|b - a|\varepsilon$. Dès que n est plus grand que n_1, $|F - S_n|$ est inférieur à $|b - a|\varepsilon$. La série ΣU_n est donc convergente et de somme F.

Une série uniformément convergente de fonctions intégrables est intégrable terme à terme.

Les théorèmes précédents ne sont démontrés que dans le cas où l'intervalle (a, b) est un intervalle positif $(b > a)$, puisque l'intégrale n'a été définie que dans ce cas. On complète la définition comme précédemment.

L'intégrale dans (a, b) se notant toujours $\int_a^b f(x)\,dx$, la définition complémentaire s'exprime par l'égalité

$$\int_a^b f(x)\,dx + \int_b^a f(x)\,dx = 0.$$

Il est évident que les théorèmes précédemment démontrés pour les intervalles positifs sont vrais aussi pour les intervalles négatifs.

J'ajoute qu'on vérifie immédiatement que

$$\int_a^b f(x)\,dx + \int_b^c f(x)\,dx + \int_c^a f(x)\,dx = 0.$$

IV.   *Intégrales par défaut et par excès.*

La définition qui vient de nous occuper a été obtenue en appliquant, à des fonctions discontinues, le procédé de calcul des intégrales de fonctions continues. Nous savons qu'il existe des fonctions bornées, les fonctions non intégrables, pour lesquelles ce procédé ne conduit pas à un nombre déterminé. Mais on peut cependant, à l'aide de ce procédé, attacher à chaque fonction bornée deux nombres parfaitement définis.

Nous avons vu (p. 25) que les sommes $\overline{S} = \Sigma \delta_i L_i$ tendent vers une limite parfaitement déterminée quand les δ_i tendent vers zéro d'une manière quelconque, cette limite est l'un des deux nombres dont il s'agit; on l'appelle l'*intégrale par excès* et on le représente par le symbole $\overline{\int_a^b} f(x)\,dx$, qui s'énonce : intégrale par excès de a à b de $f(x)$.

De la même manière, on peut démontrer l'existence d'une limite pour les sommes $\underline{S} = \Sigma \delta_i l_i$. D'ailleurs, en étudiant l'oscillation moyenne (p. 22), nous avons vu que $\Sigma \delta_i \omega_i$ tend vers une limite parfaitement déterminée $(b-a)\omega$ et comme l'on a

$$\overline{S} - \underline{S} = \Sigma \delta_i \omega_i,$$

l'existence de la limite de $\underline{S}$ est démontrée [1]. C'est l'*intégrale par défaut* qu'on note $\underline{\int_a^b} f(x)\,dx$.

Ces deux nombres ont été définis pour la première fois, d'une façon précise, par M. Darboux.

Pour compléter leurs définitions, données seulement pour $b > a$, on pose

$$\overline{\int_{a}^{b}} + \overline{\int_{b}^{a}} = 0, \qquad \underline{\int_{a}^{b}} + \underline{\int_{b}^{a}} = 0.$$

---

[1] On pourrait aussi déduire l'existence de cette limite de l'existence de l'intégrale par excès pour $-f$.

Il faut remarquer que, dans un intervalle négatif, l'intégrale par excès est plus petite que l'intégrale par défaut.

On a toujours

$$\overline{\int_a^b} + \overline{\int_b^c} + \overline{\int_c^a} = 0, \qquad \underline{\int_a^b} + \underline{\int_b^c} + \underline{\int_c^a} = 0;$$

mais, si l'intervalle d'intégration étant positif, on a

$$\overline{\int (f+\varphi)} \leqq \overline{\int f} + \overline{\int \varphi}, \qquad \underline{\int (f+\varphi)} \geqq \underline{\int f} + \underline{\int \varphi},$$

comme on le voit par un raisonnement analogue à celui de la page 31, et non pas les mêmes relations où les signes d'inégalité sont remplacés par des signes d'égalité; les signes d'inégalité sont indispensables; par exemple, prenons $f(x) = \chi(x)$ (p. 15), et $\varphi(x) = -\chi(x)$; nous aurons, dans $(0, 1)$,

$$\overline{\int f} = 1, \quad \overline{\int \varphi} = \overline{\int f + \varphi} = 0, \quad \underline{\int f} = \underline{\int f + \varphi} = 0, \quad \underline{\int \varphi} = -1 \; (^1).$$

L'intégrale a été définie comme la limite du nombre

$$S = \Sigma \delta_i f(x_i)$$

quand le maximum λ des δ_i tend vers zéro. Posons $S = \psi(\lambda)$, nous définissons ainsi une fonction à déterminations multiples (p. 21). Les limites d'indétermination de la limite de $\psi(\lambda)$ pour $\lambda = 0$ sont les deux intégrales par excès et par défaut. Ceci fait prévoir que ces deux intégrales nous feront souvent connaître des limites inférieure et supérieure d'un nombre quand on saura que ce nombre est donné par une intégrale $\int f\,dx$ toutes les fois que f est intégrable.

Pour mieux étudier l'indétermination de la limite de S, il faudrait déterminer l'ensemble A de toutes les valeurs limites de S $(^2)$.

$(^1)$ Si l'on remplace $\chi(x)$ par une fonction non intégrable quelconque, les signes d'inégalité sont indispensables.

$(^2)$ Dans certains cas, on a déterminé non seulement l'ensemble des limites d'une fonction $\psi(\lambda)$, mais encore la *fréquence* de chacune de ces limites. Cela a été fait notamment pour la sommation de certaines séries divergentes. (*Voir* BOREL, *Leçons sur les séries divergentes*, p. 5.)

Pour le cas de l'intégrale, on a cette propriété que je me conten-
terai d'énoncer : Tout nombre compris entre les intégrales par
excès et par défaut est l'une des limites des sommes S, quand λ
tend vers zéro (¹).

(¹) A titre d'exercice concernant les intégrales par excès et par défaut, on
pourra démontrer que, $f(x)$ étant une fonction bornée d'oscillation moyenne ω
dans (a, b) et dont les limites inférieure, supérieure et l'oscillation en x sont $L(x)$,
$l(x)$ et $\omega(x)$, on a

$$(b-a)\omega = \overline{\int f(x)\,dx} - \underline{\int f(x)\,dx} = \overline{\int L(x)\,dx} - \underline{\int l(x)\,dx} = \overline{\int \omega(x)\,dx}.$$

Les mêmes relations sont vraies si, dans la définition de $L(x)$, $l(x_,)$, $\omega(x)$,
on exclut la valeur x de la variable, ou si, par ces notations, on désigne les limites
supérieure, inférieure et l'oscillation à droite ou à gauche, x étant exclu ou non.
(*Voir* la note 1, p. 19).

CHAPITRE III.

I. — *La mesure des ensembles.*

Dans le premier Chapitre, la définition de l'intégrale a été rattachée à celle de certaines aires ; nous allons rechercher si, par une voie géométrique analogue, on peut arriver à la définition générale de Riemann. Nous verrons que cela est possible, de sorte que l'intégrale de Riemann apparaît comme la généralisation naturelle de l'intégrale de Cauchy, que l'on se place au point de vue analytique ou géométrique (¹).

Je vais d'abord attacher aux ensembles des nombres qui seront les analogues des longueurs, aires, volumes attachés aux segments,

---

(¹) Dans ce qui suit, je suppose définie la longueur (euclidienne) d'un segment et l'aire (euclidienne) d'un polygone.

Pour éviter toute difficulté, il est commode de considérer un point comme un ensemble de trois nombres x, y, z ; un déplacement comme un changement de coordonnées dont les coefficients sont assujettis aux conditions connues. Alors, par définition, la distance des deux points (a, b, c), (α, β, γ) est

$$+ \sqrt{(a - \alpha)^2 + (b - \beta)^2 + (c - \gamma)^2}.$$

La fonction ainsi définie est, à un multiplicateur constant près, la seule fonction de deux points qui reste invariable dans les déplacements et telle que l'on ait

$$f(\mathrm{P}, \mathrm{Q}) + f(\mathrm{Q}, \mathrm{R}) = f(\mathrm{P}, \mathrm{R}),$$

lorsque Q est sur le segment PR. C'est de là que vient l'importance du nombre longueur.

L'aire d'un polygone est définie par les théorèmes de Géométrie élémentaire : l'importance de ce nombre se justifie comme celle de la longueur. (*Voir* la *Géométrie élémentaire* de M. Hadamard, note D, ou encore la *Géométrie* de MM. Gérard et Niewenglowski.)

aux domaines plans ou aux domaines de l'espace. C'est à M. Cantor que l'on doit la première définition de ces nombres ; je vais adopter la méthode d'exposition de M. Jordan qui a simplifié et complété la définition donnée par M. Cantor (^{1}).

Soit E un ensemble borné (^{2}) de nombres ou, si l'on veut, de points sur une droite. Soit (a, b) l'un des intervalles contenant E. Divisons (a, b) en un nombre *fini* d'intervalles partiels. Soit λ le maximum de la longueur de ces intervalles. Je désigne par A la somme des longueurs des intervalles partiels qui contiennent des points de E et par B la somme des longueurs de ceux dont tous les points font partie de E (^{3}). M. Jordan démontre que A et B tendent vers deux limites parfaitement déterminées quand λ tend vers zéro. Pour nous l'existence de ces limites est évidente, car A et B sont des valeurs approchées des intégrales par excès et par défaut de la fonction ψ égale à 1 pour les points de E, nulle pour les autres points (^{4}).

(^{1}) Dans le cas d'un ensemble de points dans l'espace, la définition qu'emploie M. Cantor (*Acta Mathematica*, t. IV) peut être énoncée ainsi : De chaque point M d'un ensemble E comme centre traçons une sphère de rayon ρ ; l'ensemble des points intérieurs à ces sphères forme un ou plusieurs domaines dont on a le volume (au sens ordinaire du mot) par une intégrale triple. Soit $f(\rho)$ ce volume ; la limite de $f(\rho)$, quand ρ tend vers zéro, est le volume de E.

Cette définition est équivalente à celle de l'étendue extérieure donnée par M. Jordan (t. Ier de la 2e édition de son *Cours d'Analyse*).

M. Minkowski s'est servi du nombre $f(\rho)$. Dans le cas où E est formé de points d'une courbe, M. Minkowski considère le rapport $\dfrac{f(\rho)}{\pi\rho^2}$; s'il a une limite, c'est ce que M. Minkowski appelle la *longueur de la courbe*. L'aire d'une surface se définit par le rapport $\dfrac{f(\rho)}{2\rho}$.

On voit que le nombre $f(\rho)$ peut rendre des services dans la théorie des ensembles. Ce qui précède semble montrer qu'il peut être employé de différentes manières suivant le nombre de dimensions de E ; d'ailleurs, M. Cantor indiquait dans son Mémoire que la notion de volume lui servait dans la définition du nombre des dimensions d'un ensemble continu. Dans beaucoup de questions, il semble qu'une telle définition serait fort utile, malheureusement M. Cantor n'a pas publié ses recherches sur ce sujet.

(^{2}) C'est-à-dire dont tous les nombres sont compris entre deux limites finies.

(^{3}) On peut donner deux sens aux deux expressions « un intervalle contient des points » et « tous les points d'un intervalle » comme au mot « enfermé » (*voir* note 1, p. 26). Il est indifférent d'adopter l'un ou l'autre.

(^{4}) M. de la Vallée-Poussin définit les étendues extérieure et intérieure à l'aide de ψ.

La limite de A s'appelle l'*étendue extérieure de* E, $e_e(\mathrm{E})$; celle de B est l'*étendue intérieure,* $e_i(\mathrm{E})$.

Quand ces deux étendues seront égales, nous dirons que l'ensemble est mesurable J, c'est-à-dire par le procédé de M. Jordan, et d'étendue (¹)

$$e(\mathrm{E}) = e_i(\mathrm{E}) = e_e(\mathrm{E});$$

dans ce cas, la fonction ψ attachée à E est intégrable au sens de Riemann et son intégrale dans (a, b) est $e(\mathrm{E})$.

Interprétons la condition d'intégrabilité de ψ. Les points de discontinuité de ψ sont les points de E qui sont limites de points ne faisant pas partie de E, et les points limites de E qui ne font pas partie de E. Ces points sont appelés, par M. Jordan, les *points frontières* de E; leur ensemble est la *frontière* de E. Donc, pour qu'un ensemble soit mesurable J, il faut et il suffit que sa frontière forme un groupe intégrable.

Cette condition peut se transformer si l'on remarque que, par définition, pour un groupe intégrable, A tend vers zéro. De sorte qu'un groupe intégrable est un ensemble d'étendue extérieure nulle ou, si l'on veut, un ensemble mesurable J et d'étendue nulle.

La méthode précédente ne pourrait être appliquée aux ensembles formés des points d'un espace à plusieurs dimensions que si nous avions étudié au préalable les intégrales multiples par défaut et par excès. Une telle étude ne présente pas de difficultés, mais il est plus simple d'employer la méthode de M. Jordan qui est, en somme, la démonstration de l'existence de ces intégrales dans le cas particulier de la fonction ψ.

Considérons dans le plan un ensemble de points E borné, c'est-à-dire tel que l'ensemble des coordonnées des points de E soit borné. Un tel ensemble est tout entier contenu dans un carré convenablement choisi, d'aire R. Divisons le plan en petits carrés dont le maximum de la diagonale est λ. Soit A la somme des aires de ceux des carrés qui contiennent des points de E et B la somme des aires de ceux dont tous les points appartiennent à E. A et B sont plus petites que R. Il faut montrer qu'elles tendent vers des limites déterminées quand λ tend vers zéro ; pour cela, considérons d'abord une suite de divisions D_1, D_2, ..., auxquelles correspondent les nombres A_1, B_1, A_2, B_2, ..., et telles que les λ correspondants tendent vers zéro ; et soit une suite de divisions Δ_j auxquelles correspondent les nombres α_j et β_j, et telles que les nombres λ_j correspondants tendent vers zéro.

Comparons A_i et α_j. Les carrés de Δ_j sont de deux espèces : les carrés d qui contiennent à leur intérieur des points des côtés des carrés de D_i, les autres sont les carrés d'. Les points des carrés d forment un ensemble qui est contenu dans l'ensemble des points distant de moins de λ_j de l'un au moins des points des côtés des carrés de D_i.

Si dans D_i il n'y avait qu'un seul carré de périmètre $4c$, cet ensemble serait décomposable en domaines dont la somme des aires, au sens élémentaire du mot, serait $8c\lambda_j + (\pi - 4)\lambda_j^2$ pour $c > 2\lambda_j$; plus généralement, si dans D_i la somme des périmètres des carrés est l, l'ensemble correspondant sera divisible en domaines dont la somme des aires est au plus $2l\lambda_j$. Ce nombre est aussi le maximum de la contribution dans α_j des carrés d.

Quant aux carrés d', ils donnent évidemment une contribution au plus égale à A_i. Donc, on a

$$\alpha_j \leq A_i + 2l\lambda_j,$$

et cela suffit ([1]) pour démontrer que α_j et A_i tendent vers une même limite $\mathcal{A}$.

Le nombre $\mathcal{A}$, dont l'existence vient d'être démontrée, est l'étendue extérieure de E, $e_e(E)$; mais il s'agit ici d'une étendue superficielle. Cette distinction est importante à noter, car tout ensemble de points en ligne droite a une étendue superficielle extérieure nulle et peut avoir une étendue linéaire extérieure quelconque.

On démontrerait de même que B_i et β_j tendent vers une même limite $\mathcal{B}$. On peut aussi remarquer que, si à la division Δ_j et à l'ensemble des points du carré d'aire R, qui n'appartiennent pas à E, on associe deux nombres α'_j et β'_j, analogues à α_j et β_j, on a

$$\alpha'_j + \beta_j = R$$

---

et l'existence, qui vient d'être prouvée, de la limite de α'_j montre l'existence de la limite de β_j. Cette limite est l'étendue superficielle intérieure de E, $e_i(\mathrm{E})$.

Comme pour les ensembles linéaires, on dira qu'un ensemble est mesurable J et d'étendue $e(\mathrm{E}) = e_e(\mathrm{E})$, si les deux étendues extérieure et intérieure sont égales.

Si nous remarquons que les carrés qui servent dans A sans servir dans B sont ceux que l'on devrait considérer pour avoir l'étendue extérieure de la frontière de E, on voit que la frontière de E a pour étendue extérieure $e_e(\mathrm{E}) - e_i(\mathrm{E})$; de là se déduit la condition nécessaire et suffisante pour qu'un ensemble soit mesurable J.

J'ai déjà employé le mot *domaine,* il est utile ici de préciser ce qu'il faut entendre par là.

Une courbe est l'ensemble des formules

$$x = x(t), \qquad y = y(t), \qquad z = z(t);$$

où $x(t)$, $y(t)$, $z(t)$ sont des fonctions continues définies dans un intervalle fini (t_0, t_1). Les points de la courbe sont ceux que l'on obtient en donnant à t une valeur déterminée quelconque; les points qui ne correspondent qu'à une valeur de t sont dits *simples,* les autres *multiples.* Si les deux points correspondant à t_0 et t_1 sont identiques, la courbe est dite *fermée;* si le point t_0, t_1 ne correspond à aucune autre valeur de t, ce point n'est pas considéré comme multiple.

Si l'on remplace t par une fonction toujours croissante ou toujours décroissante de θ, on obtient une nouvelle courbe qu'on ne considère pas comme différente de la première; mais deux courbes, auxquelles correspondent le même ensemble de points, peuvent être différentes; c'est le cas des deux courbes, définies dans $\left(-\frac{\pi}{2}, +\frac{\pi}{2}\right)$, $x = \sin t$, $y = 0$, $z = 0$; $x = \frac{2t}{\pi}\sin^2\frac{\pi^2}{4t}$, $y = 0$, $z = 0$.

Dans le cas d'une courbe fermée, on peut faire la transformation $\theta = \frac{t - t_0}{t_1 - t_0}$ et considérer les fonctions de θ obtenues comme périodiques et de période 1. Alors, pour définir la courbe, il suffira de se les donner dans un intervalle quelconque d'étendue 1 et non plus nécessairement dans (o. 1); enfin l'on pourra, dans cet intervalle, remplacer θ par une fonction toujours croissante ou toujours décroissante de τ. Toutes les courbes ainsi obtenues sont regardées comme identiques.

M. Jordan a démontré rigoureusement, dans la deuxième édition de son *Cours d'Analyse,* qu'une courbe fermée sans point multiple sépare le plan en deux régions ([1]); nous admettrons ce résultat.

Les points de la région intérieure constituent ce que l'on appelle le *domaine limité par la courbe.* Relativement aux points de cette courbe, on peut faire deux conventions, les considérer comme points du domaine ou non, cela a peu d'importance.

La frontière d'un domaine est constituée par la courbe fermée qui sert à le définir.

Lorsque les deux étendues extérieure et intérieure d'un domaine sont égales, le domaine est dit *quarrable* et son étendue superficielle est appelée son *aire* ([2]).

Pour qu'un domaine soit *quarrable,* il faut que sa courbe frontière soit d'étendue extérieure nulle; une telle courbe est dite une *courbe quarrable.* Un carré est évidemment quarrable.

De la définition des domaines quarrables, il résulte que rien n'aurait été changé si l'on avait supposé que la division Δ_j (p. 39) était une division en domaines quarrables de diamètres inférieurs à λ_j.

Voici maintenant des exemples des diverses circonstances qu'on vient d'envisager.

Les groupes intégrables nous fournissent un premier exemple d'ensembles mesurables J linéairement. En particulier, l'ensemble Z (p. 26) est d'étendue extérieure nulle. Il en sera de même, *a fortiori,* de tout ensemble formé à l'aide des points de Z; tous ces ensembles sont donc mesurables J et d'étendue nulle. Comme Z a la puissance du continu, il est possible d'établir une correspondance bi-univoque entre les points de Z et ceux d'un intervalle, de sorte qu'à tout ensemble de points de cet intervalle correspond un ensemble de points de Z; donc l'ensemble des ensembles mesurables J a une puissance au moins égale à celle de

---

([1]) *Voir* aussi le *Traité d'Analyse* de M. de la Vallée-Poussin.

([2]) D'ailleurs, quelques auteurs emploient toujours, à la place des mots *étendue linéaire* et *étendue superficielle*, les mots *longueur* et *aire*.

l'ensemble des ensembles de points et, comme il ne peut évidemment avoir une puissance supérieure, il a exactement cette puissance ([1]).

Un autre exemple d'ensemble mesurable J linéairement nous est fourni par un nombre fini d'intervalles. Si d'un tel ensemble on retire un groupe intégrable, il reste un ensemble mesurable J, l'étendue n'a pas varié.

On verra facilement que l'ensemble mesurable J le plus général ne diffère d'un ensemble mesurable J, formé par une infinité dénombrable d'intervalles, que par l'addition d'un certain groupe intégrable G_1, et par la soustraction d'un autre groupe intégrable G_2 ([2]).

Il est aussi facile de citer des ensembles mesurables J superficiellement. Tout ensemble Z_1, se projetant sur l'axe des x suivant l'ensemble Z, de manière qu'à chaque point de Z ne corresponde qu'un point de Z_1, est un ensemble mesurable J de mesure superficielle nulle. Les ensembles de mesure superficielle extérieure nulle jouent, dans la théorie des intégrales doubles, au sens de Riemann, le même rôle que les groupes intégrables sur une droite; on peut les appeler les *groupes intégrables du plan.*

Un carré est un ensemble mesurable J superficiellement. A partir de carrés et de groupes intégrables dans le plan, on construit tout ensemble mesurable J du plan comme on l'a fait dans le cas de la droite.

Les groupes intégrables du plan peuvent être assez différents des groupes intégrables de la droite. Z_1 est, comme Z, un ensemble *discret;* c'est-à-dire qu'on ne peut passer par un chemin continu d'un point à un autre de cet ensemble qu'en passant par des points qui ne sont pas de l'ensemble. Mais un groupe intégrable dans le plan peut être un ensemble *continu,* c'est-à-dire un ensemble tel

([1]) Il est fait usage ici d'un théorème très important sur la comparaison des puissances dont on trouvera dans la Note I des *Leçons sur la théorie des fonctions* de M. Borel une démonstration due à M. Bernstein. Ce théorème est souvent utile; on peut l'énoncer ainsi :

Si un ensemble E *contient un ensemble* E_1 *et est contenu dans un ensemble* E_2, E_1 *et* E_2 *ayant même puissance,* E, E_1, E_2 *ont même puissance.*

([2]) Si par points d'un intervalle on entend les points *intérieurs* à cet intervalle, la considération de G_2 est même inutile.

que deux quelconques de ses points puissent être joints par une courbe ne passant que par des points de l'ensemble; nous savons en effet qu'un segment, un polygone, une circonférence, une ellipse sont d'étendue superficielle extérieure nulle.

Les courbes qui sont des groupes intégrables sont celles que nous avons appelées quarrables.

Pour avoir un ensemble non mesurable J, il suffit de prendre un ensemble partout dense qui ne contienne aucun intervalle, s'il s'agit d'un ensemble sur la droite; qui ne contienne aucun domaine, s'il s'agit d'un ensemble dans le plan; pour un tel ensemble, en effet, l'étendue intérieure est nulle, l'étendue extérieure ne l'est pas. L'ensemble des points dont les coordonnées (ou la coordonnée) sont rationnelles n'est donc pas mesurable J.

P. du Bois-Reymond a remarqué qu'un ensemble peut être partout non dense sans être mesurable J. Prenons une suite de fractions α_1, α_2, ... telles que le produit infini $P = \alpha_1 \times \alpha_2 \times ...$ soit convergent et différent de zéro; on prendra, par exemple, $\alpha_n = \dfrac{4n^2 - 1}{4n^2}$. Divisons l'intervalle (a, b) en trois parties, celle du milieu étant de longueur $(b - a)(1 - \alpha_1)$, les deux extrêmes étant égales. Barrons les points intérieurs à l'intervalle du milieu et opérons sur les deux intervalles restants comme sur (a, b). α_1 étant remplacé par α_2, et ainsi de suite. Soit R l'ensemble des points restant après toutes ces opérations. Si l'on se sert des divisions successives qui ont donné R pour calculer l'étendue extérieure de R, on voit que cette étendue est $P(b - a)$, donc qu'elle est différente de zéro. Or l'étendue intérieure est nulle, puisque R est non dense, R n'est pas mesurable J ([1]).

Une construction tout à fait analogue peut être faite dans le cas du plan; on pourra, par exemple, diviser un rectangle, par deux séries de trois parallèles à ses côtés, en neuf rectangles et barrer les points intérieurs à celui du milieu, qu'on choisira de manière que son aire soit $(1 - \alpha_1)$ fois celle du rectangle primitif. Puis on opérera sur chacun des huit rectangles restants en remplaçant α_1 par α_2.

([1]) Si l'on avait $\alpha_n = \dfrac{2}{3}$, on aurait l'ensemble Z qui est mesurable J, parce que P est nul.

Parmi les ensembles non mesurables J dans le plan se trouvent des courbes non quarrables, c'est-à-dire dont l'étendue extérieure n'est pas nulle; mais toute courbe non quarrable n'est pas nécessairement non mesurable J.

M. Peano a construit le premier une courbe qui passe par tous les points d'un carré; M. Hilbert a ensuite indiqué une méthode géométrique simple permettant de construire de telles courbes; toutes ces courbes sont non quarrables (^{1}).

Pour avoir une courbe passant par tous les points du carré $0 \leqq x \leqq 1$, $0 \leqq y \leqq 1$, définie en fonction d'un paramètre t variant de 0 à 1, je pose

$$x = \frac{1}{2}\left(\frac{a_1}{2} + \frac{a_3}{2^2} + \frac{a_5}{2^3} + \ldots + \frac{a_{2n-1}}{2^n} + \ldots \right),$$

$$y = \frac{1}{2}\left(\frac{a_2}{2} + \frac{a_4}{2^2} + \frac{a_6}{2^3} + \ldots + \frac{a_{2n}}{2^n} + \ldots \right),$$

quand

$$t = \frac{a_1}{3} + \frac{a_2}{3^2} + \ldots + \frac{a_n}{3^n} + \ldots$$

où les a_i sont égaux à 0 ou 2. Alors t fait partie de l'ensemble Z de la page 26.

Soit une valeur de t non contenue dans Z, alors elle fait partie de l'un des intervalles qui ont été enlevés dans la construction de Z; soit (t_0, t_1) cet intervalle. Aux points t_0 et t_1 de Z correspondent les valeurs x_0, y_0; x_1, y_1; alors on pose, pour tout l'intervalle (t_0, t_1) :

$$x = x_0 + \frac{x_1 - x_0}{t_1 - t_0}(t - t_0), \qquad y = y_0 + \frac{y_1 - y_0}{t_1 - t_0}(t - t_0).$$

Dans (t_0, t_1) la courbe se réduit donc à un segment.

Notre courbe est complètement définie, mais, pour parler de courbe, il faut démontrer que x et y sont des fonctions continues de t dans $(0, 1)$. Il suffit évidemment pour cela de le démontrer seulement pour les fonctions x et y de t définies sur Z. Et cela résulte du fait que, si t (appartenant à Z) est assez voisin de θ

(^{1}) Peano, *Sur une courbe qui remplit toute une aire* (*Math. Ann.*, Bd XXXVI). — Hilbert, *Ueber die stetige Abbildung einer Linie auf ein Flächenstück* (*Math. Ann.*, Bd. XXXVIII). La courbe de M. Hilbert est définie à la page 23 du Volume I de la deuxième édition du *Traité d'Analyse* de M. Picard.

(appartenant aussi à Z), les $2n$ premiers chiffres $a_1, a_2, \ldots, a_{2n}$ de t, écrits dans le système de base 3, sont les mêmes que pour θ, c'est-à-dire que les n premiers chiffres de $x(t)$ et $x(\theta)$ d'une part, de $y(t)$ et de $y(\theta)$ d'autre part, sont les mêmes quand on écrit ces coordonnées dans le système de base 2.

Notre courbe remplit bien tout le carré, elle passe même plusieurs fois par certains points. On démontre facilement qu'il n'en peut pas être autrement ([1]).

Ce qui vient d'être fait dans le cas d'une et de deux dimensions peut évidemment être répété dans le cas d'un nombre quelconque de dimensions.

En particulier, dans le cas de trois dimensions, on définira le volume d'un domaine. Cela exigerait, au préalable, la définition précise d'une surface fermée et, pour la définition des domaines, des études analogues à celles de M. Jordan sur les courbes fermées.

II. — *Définition de l'intégrale.*

Soit une fonction $f(x)$ continue positive, définie dans un intervalle positif (a, b), et le domaine $ab\text{BA}$ que nous lui avons attaché (*fig.* 1, p. 2). Cherchons si ce domaine est quarrable. Pour cela, divisons (a, b) en intervalles partiels $\delta_1, \delta_2, \ldots, \delta_p$. Le plus grand rectangle, de base δ_i et dont tous les points font partie du domaine $ab\text{BA}$, a pour hauteur la limite inférieure l_i de f dans δ_i. Le plus petit rectangle, de base δ_i et qui contient tous les points du domaine qui se projettent sur δ_i, a pour hauteur la limite supérieure L_i de f dans δ_i.

De ceci résulte que les deux sommes

$$\underline{S} = \Sigma \delta_i l_i, \qquad \overline{S} = \Sigma \delta_i L_i,$$

---

[1] On trouvera, au Chapitre VII, § V, un exemple de l'emploi qu'on peut faire dans certains raisonnements de la courbe de Peano et des courbes analogues.
La courbe de Peano est mesurable J et d'étendue non nulle, elle ne peut servir à limiter un domaine. Il existe des courbes sans point multiple et non quarrables; ces courbes ne sont pas mesurables J, elles peuvent servir à limiter des domaines non quarrables. *Voir* W.-F. OSGOOD, *A Jordan curve of positive area* (*Trans. of the Amer. Mat. Soc.*, 1903) ou H. LEBESGUE, *Sur le problème des aires* (*Bull. de la Soc. math. de France*, 1903).

tendent, quand le maximum des δ tend vers zéro, vers des limites déterminées qui sont les étendues intérieure et extérieure du domaine. Or $S - \underline{S}$ tend vers zéro, car les fonctions continues sont à oscillation moyenne nulle, le domaine abBA est donc quarrable.

Si nous employons la méthode du début, si nous appelons *intégrale définie de f dans* (a, b) l'aire de abBA, nous retrouvons l'intégrale de Cauchy. Il n'y a, entre cette définition et celle de Cauchy, que des différences de forme.

Dans le cas où $f(x)$ n'est pas toujours positive, la courbe AB rencontre l'axe des x un nombre fini ou infini de fois et l'on a deux espèces de domaines, les uns au-dessus de ox, les autres au-dessous. Chacun de ces domaines est quarrable d'après ce qui précède.

La somme des aires de ceux qui sont au-dessus de ox, diminuée de la somme des aires de ceux qui sont au-dessous, est, par définition, l'intégrale de $f(x)$ ([1]).

Considérons maintenant une fonction $f(x)$ quelconque, définie dans l'intervalle positif (a, b). Soit $E(f)$ l'ensemble des points dont les deux coordonnées sont liées par la seule condition que y ne soit pas extérieur à l'intervalle positif ou négatif $[o, f(x)]$. En d'autres termes, on a

$$y f(x) \geqq o \quad \text{et} \quad o \leqq y^2 \leqq \overline{f(x)}^2.$$

L'axe des x partage cet ensemble en deux autres : les points situés au-dessus de ox forment $E_1[f(x)]$, ceux qui sont au-dessous forment $E_2[f(x)]$. Quant aux points situés sur ox, on les mettra indifféremment dans E_1 ou E_2, cela importe peu dans la suite, car ils forment un groupe intégrable du plan.

Par analogie avec la définition précédente, il est naturel d'appeler *intégrale de f* la différence

$$I = e[E_1(f)] - e[E_2(f)],$$

lorsque E_1 et E_2 sont mesurables J.

Lorsqu'un ensemble n'est pas mesurable J, son étendue peut

([1]) Les deux sommes qui figurent dans cette définition existent bien, puisque l'ensemble de tous les domaines peut être enfermé dans une circonférence de rayon fini être considérée comme un nombre indéterminé dont les deux limites d'indétermination sont les étendues intérieure et extérieure de l'ensemble; cela conduit, pour I, aux deux limites d'indétermination

$$\underline{I} = e_i[\,E_1(f)] - e_e[\,E_2(f)], \qquad \overline{I} = e_e[\,E_1(f)] - e_i[\,E_2(f)].$$

Nous allons calculer ces deux limites d'indétermination et pour cela supposons d'abord que f n'est jamais négative, c'est-à-dire que E_2 ne contient aucun point. Le calcul des étendues intérieure et extérieure de E (ou E_1) se fait comme dans le cas où f est continue, c'est-à-dire que ces étendues sont les limites des deux nombres $\underline{S}$ et $\overline{S}$. Les étendues sont donc les intégrales par défaut et par excès de f.

Pour étudier le cas général posons $f = f_1 - f_2$, où f_1 est égale à f quand f est positive ou nulle, et est nulle quand f est négative. On a alors, évidemment,

$$e_i[\,E_1(f)] = \underline{\int f_1\,dx}, \qquad e_e[\,E_1(f)] = \overline{\int f_1\,dx},$$

$$e_i[\,E_2(f)] = \underline{\int f_2\,dx}, \qquad e_e[\,E_2(f)] = \overline{\int f_2\,dx},$$

donc

$$\underline{I} = \underline{\int f_1\,dx} + \underline{\int - f_2\,dx}, \qquad \overline{I} = \overline{\int f_1\,dx} + \overline{\int - f_2\,dx}.$$

Il est, en général, impossible de remplacer des sommes d'intégrales par excès ou par défaut par les intégrales par excès ou par défaut de la somme (p. 34), parce que le maximum d'une somme est, en général, plus petit que la somme des maxima des termes de la somme, tandis que le minimum est, généralement, plus grand que la somme des minima. Mais ici, dans tout intervalle, le maximum (ou le minimum) de $f = f_1 - f_2$ est bien la somme des maxima (ou des minima) de f_1 et de $-f_2$. On peut donc écrire

$$\underline{I} = \underline{\int f\,dx}. \qquad \overline{I} = \overline{\int f\,dx}.$$

Nous retrouvons ainsi les intégrales de M. Darboux et nous avons leur signification géométrique.

Remarquons que $E(f)$ est mesurable J quand E_1 et E_2 le sont et que, inversement, si $E(f)$ est mesurable J, E_1 et E_2 le sont aussi. Ainsi, notre définition géométrique de l'intégrale s'applique lorsque E est mesurable J, mais, dans ce cas, et dans ce cas seulement, $\overline{I}$ et $\underline{I}$ sont égaux, c'est-à-dire que les intégrales $\overline{\int f\,dx}$ et $\underline{\int f\,dx}$ sont égales, donc :

Pour qu'une fonction bornée f soit intégrable au sens de Riemann, il faut et il suffit que $E(f)$ soit mesurable J super-ficiellement; dans ce cas, l'on a

$$I = \int f\,dx.$$

La définition géométrique de l'intégrale est entièrement équivalente à la définition analytique donnée par Riemann.

CHAPITRE IV.

I. — *Les fonctions à variation bornée.*

La notion de mesure linéaire est une généralisation de la notion de longueur d'un segment, une autre généralisation conduit à la définition de la longueur d'un arc de courbe. En étudiant les questions relatives à la rectification des courbes, nous aurons l'occasion d'appliquer quelques-uns des résultats que nous avons obtenus sur l'intégrale; nous verrons, en même temps, l'importance d'une classe de fonctions définies par M. Jordan : les fonctions à variation bornée.

Soit une fonction $f(x)$ bornée ([1]) définie dans un intervalle positif fini (a, b). Partageons (a, b) à l'aide des points

$$a_0 = a \leqq a_1 \leqq a_2 \leqq \ldots \leqq a_n = b:$$

la somme

$$v = |f(a_1) - f(a_0)| + |f(a_2) - f(a_1)| + \ldots + |f(a_n) - f(a_{n-1})|$$

est ce que l'on appelle la variation de $f(x)$ pour le système de points $a_0, a_1, \ldots a_n$. Si, quel que soit le système des points de division, v est bornée, la fonction est dite à *variation totale finie* ou, simplement, à *variation bornée;* la variation totale étant, par définition, la plus grande limite de v quand le maximum λ de la longueur des intervalles partiels employés tend vers zéro. Il est à remarquer que si, entre les points de division choisis, on intercale de nouveaux points, on augmente v ou, du moins, on ne le

---

([1]) Il est d'ailleurs évident qu'une fonction non bornée ne peut satisfaire aux définitions qui suivent.

diminue pas ; en intercalant ainsi indéfiniment de nouveaux points, de manière que λ tende vers zéro, on a une suite de nombres v tendant vers une limite, finie ou non, qui est au moins égale au nombre c dont on est parti. On peut donc dire que la variation totale de f est la limite supérieure de l'ensemble des nombres v ([1]).

On voit aussi très simplement que, dans les définitions précédentes, on peut remplacer v par

$$o = \omega_1 + \omega_2 + \ldots + \omega_n,$$

où ω_i est l'oscillation de f dans (a_{i-1}, a_i), les extrémités comprises.

A cause de cette propriété, quelques auteurs appellent les fonctions qui nous occupent *fonctions à oscillation totale finie;* l'oscillation totale étant la limite supérieure des o.

Une fonction à variation bornée est intégrable; elle est, en effet, à oscillation moyenne nulle, puisque cette oscillation est la limite, quand λ tend vers zéro, de

$$\Sigma(a_i - a_{i-1})\omega_i \leqq \Sigma \lambda \omega_i = \lambda \Sigma \omega_i = \lambda o \leqq \lambda O,$$

O étant l'oscillation totale de $f(x)$.

L'intégrabilité résulte aussi de cette proposition évidente : *les points en lesquels une fonction à variation bornée a une oscillation supérieure à α $(\alpha > o)$ sont en nombre fini* et, par suite, forment bien un groupe intégrable.

Choisissons des nombres α_1, α_2, ... qui tendent vers zéro en décroissant. Les points en lesquels l'oscillation est supérieure à α_n sans être supérieure à α_{n-1} sont en nombre fini, de sorte qu'*une fonction à variation bornée a au plus une infinité dénombrable de points de discontinuité.*

La réciproque n'est pas vraie ; il existe même des fonctions continues à variation non bornée.

L'oscillation d'une somme $f_1 + f_2$ étant, dans un intervalle quelconque, au plus égale à la somme des oscillations de f_1 et f_2 dans cet intervalle, l'oscillation totale de $f_1 + f_2$ est, au plus, la somme des oscillations totales de f_1 et f_2. *Donc la somme de deux fonctions à variation bornée est une fonction à variation bornée.*

([1]) Et non plus la limite supérieure de la limite des nombres v.

Des raisonnements analogues permettraient de démontrer que les opérations effectuées à la page 30, sur des fonctions intégrables, donnent des fonctions à variation bornée quand elles sont effectuées sur des fonctions à variation bornée.

Mais il n'est pas vrai qu'une série uniformément convergente de fonctions à variation bornée donne nécessairement une fonction à variation bornée. La propriété qui remplace celle-là est la suivante :

La limite vers laquelle tend (uniformément ou non) une suite de fonctions à variations totales au plus égales à M est une fonction dont la variation totale est au plus égale à M.

En effet, prenons une division de l'intervalle, la variation correspondante des termes de la suite tend vers la variation relative à la limite et à la division employée; donc, cette variation est au plus égale à M et il en est de même de la variation totale de la limite.

Ce qui précède nous permettrait de citer des fonctions à variation totale bornée. Une fonction croissante est, en effet, une fonction à variation totale finie et égale à $f(b) - f(a)$; de même, une fonction décroissante est à variation bornée. Par suite, la différence de deux fonctions croissantes est une fonction à variation bornée. Nous allons démontrer maintenant la réciproque : *toute fonction à variation bornée est la différence de deux fonctions jamais décroissantes.*

Reprenons la variation

$$v = |f(a_1) - f(a_0)| + |f(a_2) - f(a_1)| + \ldots + |f(a_n) - f(a_{n-1})|,$$

et soit p la somme de celles des quantités $f(a_i) - f(a_{i-1})$ qui sont positives et $- n$ la somme de celles qui sont négatives. On a évidemment

$$v = p + n, \qquad f(b) - f(a) = p - n,$$

d'où

$$v = 2p + f(a) - f(b), \qquad v = 2n + f(b) - f(a),$$

p est la variation positive pour la division choisie, n la variation négative. Les deux dernières égalités montrent que les limites supérieures V, P, N, de v, p, n, que l'on appelle *variation totale, variation totale positive, variation totale négative,* sont liées par les mêmes relations que c, p, n.

Soient $V(x)$, $P(x)$, $N(x)$ les trois variations totales dans (a, x), $(x > a)$, on a

$$f(x) = f(a) + P(x) - N(x).$$

Mais $P(x)$ et $N(x)$ ne peuvent pas décroître quand x croît, donc le théorème est démontré.

On a, de plus,

$$V(x) = P(x) + N(x).$$

Une fonction à variation bornée peut être mise d'une infinité de manières sous la forme d'une différence de deux fonctions croissantes. Si l'on ajoute à $P(x)$ et $N(x)$ une même fonction $\lambda(x)$ non décroissante, on obtient deux fonctions non décroissantes $P_1(x)$ et $N_1(x)$ telles que l'on ait

$$f(x) = f(a) + P_1(x) - N_1(x).$$

On voit facilement que les fonctions non décroissantes P_1 et N_1 les plus générales satisfaisant à cette égalité sont celles qui viennent d'être construites.

Pour calculer la variation totale d'une fonction discontinue comme limite d'une suite de variations c, il faut choisir d'une manière très particulière les points de division; par exemple, pour une fonction qui est partout nulle, sauf à l'origine, il faut que l'origine soit un point de division. Pour les fonctions continues on a cette propriété : *la variation d'une fonction continue, relative à une division quelconque, tend uniformément vers la variation totale de cette fonction quand le maximum λ de la longueur des intervalles employés tend vers zéro.*

Soient, en effet, deux suites de divisions $D_1, D_2, \ldots$; $\Delta_1, \Delta_2, \ldots$ pour lesquelles les λ tendent vers zéro, et soit λ_j la valeur de λ pour Δ_j. Le maximum de l'oscillation de $f(x)$ dans un intervalle d'étendue λ_j est un nombre ε_j qui tend vers zéro avec λ_j. Comparons les variations c_i, c_j' relatives à D_i et Δ_j.

Les intervalles de Δ_j étant toujours partagés en deux classes, soient d' ceux qui ne contiennent aucun des points de division de D_i. Considérons tous ceux des d' qui sont entre x_i et x_{i+1}, ils couvrent un intervalle dont l'origine est entre x_i et $x_i + \lambda_j$ et dont l'extrémité est entre $x_{i+1} - \lambda_j$ et x_{i+1}. Les valeurs de $f(x)$ pour cette origine et cette extrémité diffèrent de ε_j au plus des nombres $f(x_i)$, $f(x_{i+1})$. La contribution dans v'_j des intervalles considérés est donc au moins

$$|f(x_{i+1}) - f(x_i)| - 2\varepsilon_j,$$

et la contribution de tous les d' dans v'_j est au moins égale à

$$\Sigma[|f(x_{i+1}) - f(x_i)| - 2\varepsilon_j] = v_i - 2n\varepsilon_j,$$

si les points de division de D_i sont en nombre n. On a, à plus forte raison,

$$v'_j \geqq v_i - 2n\varepsilon_j,$$

et l'une quelconque des limites des v'_j est au moins égale à l'une quelconque des limites des v_i. Mais on peut permuter v'_j et v_i, donc les v'_j et les v_i tendent vers une même limite bien déterminée.

Voici une conséquence immédiate de cette propriété : *les trois variations totales d'une fonction continue à variation bornée sont des fonctions continues.* Il suffit de le démontrer pour $V(x)$ puisque $P(x)$ et $N(x)$ s'expriment immédiatement à l'aide de $f(x)$ et de $V(x)$.

Pour calculer $V(x_0)$, j'emploie une division $a_1, x_1, \ldots, x_n, x_0$; la variation v correspondant à cette division est égale à celle correspondant à $a, x_1, \ldots, x_n$ plus $|f(x_0) - f(x_n)|$, v est donc au plus égale à

$$V(x_1') + |f(x_0) - f(x_n)| \leqq V(x_0 - o) + |f(x_0) - f(x_n)|;$$

et puisque $f(x_0) - f(x_n)$ tend vers zéro, quand on fait tendre vers zéro le maximum de $x_{i+1} - x_i$, $V(x_0)$ est au plus égale à $V(x_0 - o)$. Mais $V(x)$ est une fonction croissante,

$$V(x_0) = V(x_0 - o),$$

la fonction est continue à gauche.

Étudions la variation totale de $f_1(x) = f(-x)$ entre $-b$ et $-x$, $(x < b)$; cette variation totale est évidemment égale à

$$V(b) - V(x).$$

Considérée comme fonction de $-x$, elle est continue à gauche de $-x_0$; donc, en tant que fonction de x, elle est continue à droite de x_0. La fonction $V(x)$ est donc continue.

La seconde partie de cette démonstration suppose essentiellement que la fonction est à variation bornée. Si $V(x)$ devenait brusquement infinie pour $x > x_0$, et nous verrons que cela est possible, le symbole $V(b) - V(x)$ n'aurait aucun sens pour $x > x_0$.

Puisque $P(x)$ et $N(x)$ sont des fonctions continues, *toute fonction continue à variation bornée est la différence de deux fonctions continues non décroissantes.*

La variation v, pour la division D, a été définie seulement dans le cas où D ne contient qu'un nombre fini d'intervalles; pour la suite, il est utile d'étudier un cas où D comprend une infinité d'intervalles. C'est le cas où les points de division de D forment un ensemble réductible E; alors nous appellerons *variation u*, pour cette division, la somme de la série $\Sigma |f(x_i) - f(x_{i-1})|$, étendue à tous les intervalles (x_{i-1}, x_i) contigus (¹) à E.

Nous allons comparer l'ensemble des variations u qui viennent d'être définies à l'ensemble des variations v antérieurement définies.

L'ensemble des u contient l'ensemble des v, donc la limite supérieure de l'ensemble des u est au moins égale à la limite supérieure de l'ensemble des v. Il suffira de démontrer que u est toujours inférieure à la variation totale pour qu'il soit prouvé que la limite supérieure des u est la variation totale V.

Soit (α, β) un intervalle contigu à E'. Soient α_1 et β_1 deux points situés dans (α, β); la contribution de (α_1, β_1) dans U est au plus égale à celle qu'il fournit dans V, puisque E ne contient qu'un nombre fini de points dans (α_1, β_1). Faisons tendre les points α_1 et β_1 vers α et β, la proposition reste vraie et l'on trouve que (α, β) fournit dans V une contribution au moins égale à celle qu'il donne dans u.

On prouvera de même que la proposition est vraie dans un intervalle contigu à E″ ou E‴. ...; mais l'un des dérivés de E étant nul dans (a, b), la proposition est vraie pour (a, b).

Ainsi les u peuvent remplacer les v.

***

(¹) Un intervalle (x_{i-1}, x_i) est dit *contigu* à un ensemble E s'il ne contient pas de points de E et si ses extrémités font partie de E ou de E′. La dénomination d'intervalle contigu est due à M. R. Baire.

Lorsqu'il s'agit d'une fonction continue, le nombre u, comme le nombre c, tend uniformément vers la variation totale, quand le maximum λ de la longueur des intervalles contigus à E tend vers zéro.

La série u étant convergente, la série $\Sigma[f(x_i) - f(x_{i-1})]$, étendue à tous les intervalles contigus à E, est absolument convergente. On peut donc parler de la somme de ses termes positifs et de la somme de ses termes négatifs, ces deux sommes peuvent servir à définir P et N.

Il est important de remarquer qu'on ne peut pas remplacer l'ensemble réductible E par un ensemble non dense quelconque sans que certaines des propriétés précédentes cessent d'être vraies. Soit, en effet, la fonction $\xi(x)$ définie par

$$2\xi(x) = \frac{a_1}{2} + \frac{a_2}{2^2} + \frac{a_3}{2^3} + \dots.$$

quand

$$x = \frac{a_1}{3} + \frac{a_2}{3^2} + \frac{a_3}{3^3} + \dots,$$

où les a sont égaux à o ou à 2. x appartient alors à l'ensemble Z. On vérifie immédiatement que, pour les deux extrémités d'un intervalle contigu à Z, ξ prend la même valeur; nous assujettissons ξ à rester constante dans un tel intervalle. $\xi(x)$ est maintenant partout définie; c'est une fonction croissante et, cependant, on trouvera zéro pour u, si, parmi les points de division employés, se trouvent les points de Z.

Je terminerai en donnant quelques exemples des diverses particularités qui ont été signalées.

La fonction $x\sin\frac{1}{x}$ est égale à $(-1)^{K+1}\frac{1}{K\pi - \frac{\pi}{2}}$ pour $x = \frac{1}{K\pi - \frac{\pi}{2}}$,

donc, si l'on emploie ces valeurs de x pour calculer u dans l'intervalle $\left(0, \frac{1}{\pi}\right)$, on trouve

$$u = \frac{1}{K\pi - \frac{\pi}{2}} + \frac{2}{2K\pi - \frac{\pi}{2}} + \frac{2}{3K\pi - \frac{\pi}{2}} + \dots,$$

et la fonction est à variation non bornée bien qu'elle soit continue. Pour une fonction continue nulle pour x négatif, égale à $x\sin\frac{1}{x}$

pour x positif, la variation totale de -1 à x saute brusquement de o à ∞ quand x dépasse la valeur o.

La fonction $x \sin \frac{1}{x}$ a une infinité de maxima et de minima, mais cette condition ne suffit pas pour qu'une fonction soit à variation non bornée. La fonction $x^2 \sin \frac{1}{x^{\frac{4}{3}}}$ admet un maximum ou un minimum, et un seul, dans chaque intervalle $\left(\frac{1}{(K\pi)^{\frac{3}{4}}}, \frac{1}{[(K+1)\pi]^{\frac{3}{4}}} \right)$; si l'on remarque que la valeur absolue de ce maximum ou de ce minimum est au plus $\frac{1}{(K\pi)^{\frac{3}{2}}}$, on voit que la fonction est à variation totale finie au plus égale à $2 \sum \frac{1}{(K\pi)^{\frac{3}{2}}}$.

Les deux fonctions précédentes n'ont une infinité de maxima et de minima que dans le voisinage de l'origine; si l'on veut qu'il en soit ainsi autour de tout point, il faut appliquer le principe de condensation des singularités. Il est nécessaire d'employer ce principe d'une façon assez particulière parce que la limite vers laquelle tendent uniformément des fonctions à variation bornée peut être à variation non bornée et parce que les maxima et minima ne se conservent pas dans l'addition.

Considérons les deux fonctions, définies dans $(-1, +1)$.

$$a(x) = x \sin \frac{\pi}{x}, \qquad b(x) = x^2 \sin \frac{\pi}{x^{\frac{4}{3}}};$$

l'une et l'autre s'annulent pour -1 et $+1$, la première est à variation totale V infinie, la seconde à variation totale V bornée. $f_1(x)$ désignera l'une ou l'autre de ces deux fonctions.

$f_1(x)$ a une infinité de maxima et de minima qui se présentent quand x appartient à un certain ensemble E_1.

$f_2(x)$ est une fonction continue qui s'annule aux points de E_1 et qui, dans l'intervalle (α, β) de deux maxima et minima consécutifs, est égale à

$$\frac{(\beta - \alpha)}{2} f_1 \left[\frac{2}{\beta - \alpha} \left(x - \frac{\alpha + \beta}{2} \right) \right].$$

$f_2(x)$ a même variation totale que $f_1(x)$ parce que, dans (α, β), la variation totale de $f_2(x)$ est $\frac{\beta - \alpha}{2}$ V.

La fonction $f_1 + \frac{1}{2^2} f_2$ a, dans chaque intervalle (α, β), une infinité de maxima et de minima; en effet, si $f_1 = a$, elle est à variation non bornée dans (α, β) et si $f_1 = b$, f_1 a une dérivée bornée dans (α, β), tandis que la dérivée de f_2 prend toutes les valeurs positives et négatives. Soit E_2 l'ensemble des valeurs de x pour lesquelles $f_1 + \frac{1}{2^2} f_2$ est maximum ou minimum.

En opérant, à partir de $E_1 + E_2$, comme à partir de E_1, on formera f_3, d'où $f_1 + \frac{1}{2^2} f_2 + \frac{1}{3^2} f_3$ et E_3 (¹).

En continuant ainsi, on définit les différents termes de la série

$$f(x) = f_1(x) + \frac{1}{2^2} f_2(x) + \frac{1}{3^2} f_3(x) + \ldots,$$

qui est uniformément convergente, car $|f_i|$ est inférieure à 1.

La fonction continue $f(x)$ a des maxima et des minima dans tout intervalle. Dans un intervalle quelconque (l, m), en effet, pourvu que n soit assez grand, il y a plus de deux points de E_n. Supposons qu'il y ait les trois points consécutifs r, s, t de E_n, f étant égale à f_n pour ces trois points, f aura un maximum ou un minimum, au moins, entre r et t, suivant que s correspond à un maximum ou à un minimum.

De là résulte aussi que la variation totale de f est au moins égale à celle de $s_n = f_1 + \frac{1}{2^2} f_2 + \ldots + \frac{1}{n^2} f_n$, donc f est à variation non bornée dans tout intervalle si $f_1 = a$. Au contraire, si $f_1 = b$, la variation totale de s_n étant finie et inférieure à $V\left(1 + \frac{1}{2^2} + \ldots + \frac{1}{n^2}\right)$, f est à variation bornée dans tout intervalle (*voir* p. 51).

Occupons-nous maintenant des fonctions discontinues à variation bornée.

Voici une propriété des points singuliers, qu'il était facile d'ailleurs de mettre directement en évidence, et qui résulte immédiatement de la construction de la fonction à variation bornée la

(¹) Pour être tout à fait rigoureux, il faudrait démontrer que la somme des longueurs des intervalles contigus à $E_1 + E_2$, intervalles qui jouent le rôle des (α, β), est égale à comme la somme des différences $\beta - \alpha$. Cela est presque évident et résulte, si l'on veut, de ce que $E_1 + E_2$ est d'étendue extérieure nulle.

plus générale à partir de deux fonctions croissantes : *tous les points de discontinuité d'une fonction à variation bornée sont de première espèce.*

Soit x_0 un point de discontinuité ; la quantité

$$s_g(x_0) = f(x_0) - f(x_0 - 0)$$

est le saut de la fonction à gauche de x_0 ;

$$s_d(x_0) = f(x_0 + 0) - f(x_0)$$

est le saut à droite de x_0, enfin

$$s(x_0) = f(x_0 + 0) \quad f(x_0 - 0)$$

est le saut au point x_0.

Ceci posé, considérons la *fonction des sauts de $f(x)$*

$$\varphi(x) = \sum_{a \leqq x_i < x} s_d(x_i) + \sum_{a < x_i \leqq x} s_g(x_i),$$

où chacune des séries contient tous les x_i qui satisfont à l'inégalité placée au-dessous du signe Σ correspondant. On verra aisément que ces deux séries sont absolument convergentes et que, si l'on pose

$$f(x) = \varphi(x) + \psi(x),$$

$\psi(x)$ est une fonction continue à variation bornée ; la variation totale de f étant la somme de celles de φ et de ψ.

La fonction discontinue la plus générale qui soit à variation bornée s'obtient donc, soit en faisant la différence de deux fonctions discontinues croissantes, soit en ajoutant à une fonction continue à variation bornée la fonction des sauts $\varphi(x)$. Cette seconde méthode montre qu'on peut choisir à volonté l'ensemble dénombrable des points de discontinuité, et même les sauts de droite et de gauche s_d et s_g, pourvu que les séries $\Sigma s_d(x)$, $\Sigma s_g(x)$ soient absolument convergentes.

Par exemple, l'ensemble des points de discontinuité pourra être l'ensemble des nombres rationnels, les sauts étant, quand x s'écrit $\frac{a}{b}$ sous forme irréductible,

$$s_d = (-1)^a \frac{1}{a^2 b^2}, \qquad s_g = (-1)^b \frac{1}{a^3 b^3}.$$

II. — *Les courbes rectifiables.*

Soit une courbe C définie dans (a, b)

$$x = x(t), \qquad y = y(t), \qquad z = z(t).$$

Considérons un polygone P inscrit dans cette courbe et dont les sommets, dans l'ordre où ils se rencontrent sur P, correspondent à des valeurs croissantes de t [1], $a, \alpha_1, \alpha_2, \ldots, \alpha_p, b$. On peut considérer P comme une courbe définie dans (a, b) à l'aide de fonctions $\xi(t), \eta_1(t), \zeta(t)$ égales à $x(t), y(t), z(t)$ pour les valeurs $a, t_1, t_2, \ldots, t_p, b$ de t.

Ceci posé, soient deux suites de polygones inscrits dans C, P_i et π_j, et tels que le maximum des différences telles que $t_k - t_{k-1}$ tende vers zéro avec $\frac{1}{i}$ d'une part, avec $\frac{1}{j}$ d'autre part. La longueur d'un polygone étant la somme des longueurs de ses côtés, nous allons comparer la longueur s_i de P_i à celle σ_j de π_j.

Supposons que deux sommets consécutifs m_1, m_2 de P_i correspondent à $t = \theta_1$ et $t = \theta_2$. Les points de π_j, μ_1, μ_2, qui correspondent à ces valeurs de t tendent, quand j augmente indéfiniment, vers m_1, m_2 : la plus petite des limites, pour j infini, de la longueur de l'arc $\mu_1 \mu_2$ est donc au moins égale à la longueur du côté $m_1 m_2$. Mais ceci est vrai pour chaque côté, et la plus petite limite des σ_j est au moins égale à s_i. Par suite les longueurs s_i et σ_j tendent vers la même limite quand i et j augmentent indéfiniment, et elles sont toujours inférieures à leur limite.

Lorsque le maximum de la longueur des côtés d'un polygone inscrit dans une courbe tend vers zéro, la longueur de ce polygone tend vers la limite supérieure des longueurs des polygones inscrits dans la courbe. C'est cette limite que l'on appelle la longueur de la courbe.

Une courbe est dite *rectifiable* si elle est de longueur finie. L'étude des courbes rectifiables a été entreprise par Ludwig

---

[1] Quand nous parlerons d'un polygone inscrit dans une courbe, nous supposerons toujours cette dernière condition remplie.

Scheeffer (^{1}), puis continuée par M. Jordan (^{2}) à qui l'on doit le résultat suivant :

Pour qu'une courbe soit rectifiable, il faut et il suffit que les fonctions $x(t)$, $y(t)$, $z(t)$ qui la définissent soient à variation bornée.

En effet, un côté quelconque d'un polygone inscrit dans la courbe est de longueur au moins égale à chacune des projections ∂_x, ∂_y, ∂_z de ce côté sur les axes, et de longueur au plus égale à $\partial_x + \partial_y + \partial_z$. Mais la somme des projections ∂_x est la variation v_x de la fonction $x(t)$ pour les valeurs de t correspondant aux sommets (^{3}). La longueur du polygone est donc supérieure à v_x, v_y et v_z et inférieure à $v_x + v_y + v_z$; la propriété est démontrée.

De plus *la longueur de l'arc de t_0 à t ($t > t_0$) d'une courbe rectifiable est une fonction continue non décroissante de t,* puisque l'accroissement de cet arc, dans un intervalle quelconque, est compris entre les accroissements de v_x et $v_x + v_y + v_z$.

Pour calculer la longueur d'une courbe, on pourra se servir de polygones ayant une infinité de sommets correspondant à des valeurs de t formant un ensemble réductible; car le raisonnement du début s'applique à ces polygones.

Une courbe rectifiable plane est quarrable, car si on la divise en n morceaux de longueur égale à $\frac{s}{n}$, chacun d'eux peut être enfermé dans une circonférence de rayon $\frac{s}{2n}$, et la somme $\frac{\pi s^2}{4n}$ des aires de ces cercles tend vers zéro avec $\frac{1}{n}$.

Supposons que $x(t)$, $y(t)$, $z(t)$ aient des dérivées intégrables : alors $|x'(t)|$, $|y'(t)|$, $|z'(t)|$ sont aussi intégrables, car on peut écrire

$$x'^2 = u, \qquad |x'| = +\sqrt{u},$$

(^{1}) *Allgemeine Untersuchungen über Rectification der Curven* (*Acta mathematica*, t. V).

(^{2}) *Cours d'Analyse*, t. I, 2ᵉ édition. Scheeffer et M. Jordan ont aussi examiné le cas où $x(t)$, $y(t)$, $z(t)$ ne sont pas continues.

(^{3}) La courbe $x = x(t)$, $y = 0$, $z = 0$, qui sert dans ce raisonnement, est dite la *projection sur ox de la courbe donnée*; la projection sur xoy est $x = x(t)$, $y = y(t)$, $z = 0$.

et si l'on élève au carré ou si l'on prend la racine carrée arithmétique d'une fonction intégrable on ne cesse pas d'avoir des fonctions intégrables.

Si l, m, n, L, M, N sont les limites inférieures et supérieures de $|x'|$, $|y'|$, $|z'|$ dans un intervalle (t_1, t_2), les sommes telles que $\Sigma(t_2 - t_1)(L - l)$, étendues à une division quelconque de (a, b) en intervalles partiels, tendent vers zéro quand les intervalles employés tendent vers zéro.

La corde (t_1, t_2) a une longueur δ qui vérifie les inégalités

$$a = (t_2 - t_1)\sqrt{l^2 + m^2 + n^2} \leq \delta \leq (t_2 - t_1)\sqrt{L^2 + M^2 + N^2} = A.$$

Donc un polygone inscrit a une longueur comprise entre les sommes Σa, ΣA correspondantes. Si l'on fait tendre vers zéro, les longueurs des côtés du polygone ΣA et Σa tendent vers une même limite, car l'on a

$$\Sigma A - \Sigma a \leq \Sigma(t_2 - t_1)(L - l) + \Sigma(t_2 - t_1)(M - m)$$
$$+ \Sigma(t_2 - t_1)(N - n).$$

La limite de ΣA et Σa est la longueur de la courbe. Mais, puisque l'intégrale $\int_a^b \sqrt{x'^2 + y'^2 + z'^2}\,dt$, qui existe d'après nos hypothèses, est toujours comprise entre Σa et ΣA, nous pouvons conclure que, *si x', y', z' existent et sont intégrables, la longueur de l'arc (a, b) est*

$$\int_a^b \sqrt{x'^2 + y'^2 + z'^2}\,dt.$$

Le raisonnement précédent montre aussi que si $f'(x)$ existe sans être intégrable, et nous verrons que cela est possible, la longueur de la courbe $y = f(x)$ est comprise entre les intégrales par défaut et par excès de $\sqrt{1 + f'^2}$.

Nous obtiendrons la généralisation de cette proposition, ainsi qu'un résultat relatif au cas où $\sqrt{x'^2 + y'^2 + z'^2}$ est une dérivée, à l'aide des considérations qui suivent.

On suppose que x', y', z' existent; alors, du point x_0, y_0, z_0, t_0, quel qu'il soit, comme origine, on peut tracer une corde dont la longueur $\sqrt{\delta x_0^2 + \delta y_0^2 + \delta z_0^2}$ diffère de $\varepsilon\,\delta t_0$ au plus de la quantité

$\delta t_0 \sqrt{x_0'^2 + y_0'^2 + z_0'^2}$; et nous pouvons même assujettir δt_0 à être inférieure à une certaine quantité donnée à l'avance λ.

La courbe étant définie dans (a, b), du point $a = t_1$ comme origine, nous pouvons tracer une corde remplissant les conditions indiquées; elle correspond à (t_1, t_2). De t_2 nous pouvons tracer une nouvelle corde qui correspond à (t_2, t_3) et ainsi de suite. Si après un nombre fini d'opérations on arrive en b, la construction est ainsi achevée. Sinon les t_n ont un point limite t_ω duquel, comme origine, on peut tracer une corde $(t_\omega, t_{\omega+1})$, puis de $t_{\omega+1}$ on trace $(t_{\omega+1}, t_{\omega+2})$ et ainsi de suite. Si l'on n'atteint pas b, on se rapproche d'un point limite $t_{2\omega}$, à partir duquel on opère de même qu'à partir de t_ω.

On a ainsi des intervalles dont les origines t_α ont pour indices les différents nombres finis et transfinis α. Il faut démontrer qu'on arrivera en b avant d'avoir épuisé la suite des nombres transfinis, c'est-à-dire à l'aide d'une infinité dénombrable d'intervalles. Cela est tout à fait évident, car il n'y a pas plus de $\dfrac{b-a}{\varepsilon}$ intervalles de longueur supérieure à ε, et tous les intervalles, étant supérieurs en longueur à l'un des nombres $\varepsilon, \dfrac{\varepsilon}{2}, \dfrac{\varepsilon}{3}, \dots$, forment un ensemble fini ou dénombrable.

L'ensemble des valeurs $t_1, t_2, \dots$ est réductible, puisqu'il est fermé et dénombrable; donc on peut se servir des cordes tracées pour évaluer la longueur de la courbe. La somme des longueurs de ces cordes diffère de la somme

$$ \mathrm{I} = \Sigma (t_{\alpha+1} - t_\alpha) \sqrt{x'^2(t_\alpha) + y'^2(t_\alpha) + z'^2(t_\alpha)}. $$

au plus de

$$ \varepsilon \, \Sigma (t_{\alpha+1} - t_\alpha) = \varepsilon (b - a). $$

Si nous faisons tendre simultanément ε et λ vers zéro, $\varepsilon(b - a)$ tend vers zéro, la somme des longueurs des cordes tend vers la longueur s de la courbe, I tend donc vers s. Mais, d'après la forme de I, on peut écrire, si $\sqrt{x'^2 + y'^2 + z'^2}$ est bornée.

$$ \underline{\int_a^b \sqrt{x'^2 + y'^2 + z'^2}\, dt} \leqq s \leqq \overline{\int_a^b \sqrt{x'^2 + y'^2 + z'^2}\, dt}. $$

Supposons maintenant que $\sqrt{x'^2 + y'^2 + z'^2}$, *bornée ou non, soit la dérivée d'une fonction* $\sigma(t)$. Si nous avons choisi chaque intervalle $(t_\alpha, t_{\alpha+1})$ de manière qu'il satisfasse, non seulement aux conditions précédemment indiquées, mais encore, ce qui est possible, à l'inégalité

$$\varepsilon\,\delta t_\alpha \geq \left| \delta\,\sigma(t_\alpha) - \delta t_\alpha \sqrt{x'^2(t_\alpha) + y'^2(t_\alpha) + z'^2(t_\alpha)}\right|,$$

l tend vers l'accroissement $\sigma(b) - \sigma(a)$ de $\sigma(t)$ dans (a, b) quand ε et λ tendent simultanément vers zéro. On a donc

$$s = \sigma(b) - \sigma(a).$$

La longueur de l'arc est l'accroissement de la fonction σ.

J'appelle l'attention sur la construction employée dans la démonstration précédente.

Je suppose qu'un procédé, permettant de construire un ou plusieurs intervalles ayant pour origine un point quelconque t_0, ait été indiqué. Je dirai qu'un intervalle (a, b) a été couvert, à partir de a, par une chaîne d'intervalles choisis parmi les intervalles définis par le procédé donné, lorsqu'on aura construit par ce procédé un intervalle (t_1, t_2) d'origine $t_1 = a$, puis un intervalle (t_2, t_3) d'origine t_2, etc., puis, si cela est nécessaire, un intervalle $(t_\omega, t_{\omega+1})$ dont l'origine est la limite de $t_1, t_2, \ldots$, et ainsi de suite. Il a été démontré qu'on arrive ainsi nécessairement à atteindre b au bout d'un nombre fini ou d'une infinité dénombrable d'opérations, de sorte que la chaîne construite couvrira bien tout (a, b) [1].

---

[1] Lorsque le procédé donné fait correspondre plusieurs intervalles à une même origine t_α, il faut choisir entre tous ces intervalles celui qu'on appellera $(t_\alpha, t_{\alpha+1})$. Ce choix peut être fait arbitrairement si la nécessité de choisir ne se présente qu'un nombre fini de fois. Si elle se présente un nombre infini de fois, pour éviter les difficultés qui surgissent de l'emploi des mots « choisir une infinité de fois », il vaut mieux supprimer le choix en indiquant suivant quelle loi on déterminera $(t_\alpha, t_{\alpha+1})$ parmi tous les intervalles possibles. Dans la démonstration précédente, on pourra assujettir chaque intervalle $(t_\alpha, t_{\alpha+1})$ à être le plus grand qui satisfasse aux conditions imposées; il y a bien d'ailleurs, dans l'ensemble de ces intervalles, un intervalle plus grand que tous les autres.

CHAPITRE V.

I. — *L'intégrale indéfinie.*

Soit $f(x)$ une fonction bornée intégrable définie dans (a, b); la fonction

$$F(x) = \int_a^x f(x)\, dx + K$$

est *l'intégrale indéfinie* de $f(x)$.

En appliquant le théorème de la moyenne on voit que *l'intégrale indéfinie de $f(x)$ est une fonction continue, à variation bornée* ([1]), *et qu'elle admet $f(x)$ pour dérivée en tous les points où $f(x)$ est continue.*

Que se passe-t-il si $f(x)$ n'est pas continue en α? Alors il se peut qu'il y ait une dérivée égale à $f(\alpha)$, c'est le cas pour $\alpha = 0$ si $f(x)$ est nulle pour x quelconque, et égale à 1 quand x est l'inverse d'un entier; il se peut qu'il y ait une dérivée différente de $f(\alpha)$, c'est le cas pour $\alpha = 0$ quand $f(x)$ est partout nulle sauf pour $x = 0$, il se peut qu'il n'y ait pas de dérivée, c'est le cas pour $\alpha = 0$ quand $f(x) = \cos \frac{1}{\ell}|x|$ pour $x \neq 0$ et $f(0) = 0$ ([2]).

Ainsi l'intégration peut conduire à des fonctions n'ayant pas partout une dérivée. Cette conséquence a été signalée par Riemann

---

([1]) Je laisse au lecteur le soin de démontrer que la variation totale de $F(x)$ dans (a, b) est exactement égale à $\left| \int_a^b |f(x)|\, dx \right|$

([2]) L'intégrale indéfinie est alors $\frac{x}{2} \left(\sin \frac{1}{\ell}|x| + \cos \frac{1}{\ell}|x| \right)$.

qui a appelé l'attention sur l'intégrale indéfinie de la fonction

$$f(x) = \sum \frac{(nx)}{n^2} \quad (^1).$$

Cette intégrale indéfinie F (x) admet $f(x)$ pour dérivée quand x n'est pas de la forme $\frac{2p+1}{2n}$.

Supposons $x = \frac{2p+1}{2n}$ et faisons tendre β vers x par valeurs croissantes, on a vu que $f(\beta)$ tend vers $f(x) + \frac{\pi^2}{16n^2}$; donc, d'après le théorème de la moyenne, il en est aussi de même de $\frac{F(\beta) - F(x)}{\beta - x}$.

Au contraire ce rapport tendra vers $f(x) - \frac{\pi^2}{16n^2}$ si l'on fait tendre β vers x par valeurs décroissantes; donc F(x) n'a pas de dérivée pour les valeurs de la forme $\frac{2p+1}{2n}$.

C'est le premier exemple que l'on ait connu d'une fonction n'admettant pas, *en général,* une dérivée. On connaissait bien des fonctions, celle de Cauchy, par exemple, $+\sqrt{x^2}$, qui, en certains points, n'avaient pas de dérivée; mais ces points étaient exceptionnels, ils ne formaient jamais un ensemble partout dense; dans l'exemple de Riemann, au contraire, il y a des points sans dérivée dans tout intervalle. Le principe de condensation des singularités nous donnera autant d'exemples que nous le voudrons de fonctions analogues à celles de Riemann; si les a_p sont tous les nombres rationnels, $\int \sum \frac{\cos(|x-a_p|)}{p^2} dx$ est une de ces fonctions.

L'intégration fournit des fonctions qui n'ont pas toujours une dérivée. Par une méthode toute différente, Weierstrass a construit une fonction n'ayant jamais de dérivée $(^2)$; il est évident que l'intégration ne peut pas donner de telles fonctions : *Les points en lesquels une intégrale indéfinie n'admet pas de dérivée forment un ensemble de mesure nulle,* puisque ces points appartiennent

---

$(^1)$ *Voir* p. 15. L'intégrale indéfinie s'obtient en intégrant terme à terme.
$(^2)$ Voir *Journal de Crelle,* vol. 79, ou JORDAN, *Cours d'analyse,* 2ᵉ édition, t. I, p. 316.
La fonction de Weierstrass est à variation non bornée dans tout intervalle.

à l'ensemble des points de discontinuité de la fonction intégrée $f(x)$.

Lorsqu'une fonction $f(x)$ est bornée, mais non intégrable, on
peut lui attacher *les deux intégrales indéfinies par excès et par
défaut*

$$\overline{F(x)} = \overline{\int_a^x f(x)\,dx} + K, \qquad \underline{F(x)} = \underline{\int_a^x f(x)\,dx + K}.$$

Ces deux fonctions sont continues, à variation bornée, et
admettent f pour dérivée en tous les points où f est continué ([1]).

À la notion d'intégrale indéfinie se rattache une généralisation
importante de l'intégrale définie.

Si une fonction $f(x)$ définie dans (a,b) est non intégrable dans
(a,b) mais intégrable dans tout intervalle (α,β) intérieur à (a,b),
on peut espérer définir une intégrale dans (a,b) en posant en principe la continuité de l'intégrale indéfinie et en appliquant les
méthodes de Cauchy.

On voit facilement que les conditions supposées ne sont jamais
réalisées si $f(x)$ est bornée. Mais, si $f(x)$ n'est pas bornée, on peut
être conduit par la méthode de Cauchy à un nombre déterminé;
il en sera ainsi en particulier si, autour de a et b, $|f(x)|$ est
inférieure à une fonction d'ordre d'infinitude déterminé, inférieur
à 1 ([2]).

On peut refaire au sujet de l'intégrale de Riemann tous les
raisonnements faits au sujet de l'intégrale de Cauchy et des procédés de Cauchy-Dirichlet; je n'insiste pas sur ce point ([3]).

([1]) La propriété relative à l'ensemble des points sans dérivée est vraie aussi
pour les intégrales par excès et par défaut; nous verrons d'ailleurs plus tard
qu'elle appartient à toutes les fonctions à variation bornée.

([2]) D'une manière plus générale, on peut appliquer tous les théorèmes que l'on
donne ordinairement relativement à l'existence d'une intégrale quand la quantité
placée sous le signe d'intégration devient infinie en un point.

([3]) A ces questions se rattache une généralisation de l'intégrale exposée par
M. Jordan dans le Tome II de la deuxième édition de son *Cours d'Analyse*. Si
les généralisations du texte permettent de définir l'intégrale de $f(x)$ dans tout
intervalle contigu à un ensemble fermé E, M. Jordan appelle *intégrale de $f(x)$*
la somme des intégrales dans les intervalles contigus à E. Pour que l'intégrale
d'une somme soit la somme des intégrales, il faut ajouter que l'étendue extérieure de E doit être nulle. A ces questions se rattachent des travaux de Harnack

II. — *Les nombres dérivés.*

L'intégration s'applique à des fonctions qui ne sont pas des fonctions dérivées. Une fonction nulle partout, sauf pour $x = 0$, n'est pas une fonction dérivée, puisque sa fonction primitive, si elle existait, devrait être continue, constante pour x positif, et pour x négatif, donc toujours constante et cependant sa dérivée ne serait pas nulle pour $x = 0$. Ceci montre que les notions d'intégrale indéfinie et de fonction primitive sont différentes.

Il semble que l'on ait admis pendant longtemps que la première de ces notions comprend la seconde et que, par suite, l'intégration permet toujours de résoudre le problème de la recherche des fonctions primitives. En tout cas, au lieu de s'occuper de ce problème, on a étudié quels services pouvait rendre l'intégration dans la résolution de problèmes, généralisations, en des sens divers, du problème des fonctions primitives.

Pour l'étude de ces problèmes il nous sera utile de connaître quelques propriétés des nombres dérivés.

Soit $f(x)$ une fonction continue ([1]), prenons le rapport

$$r[f(x), x_0, x_0 + h] = \frac{f(x_0 + h) - f(x_0)}{h};$$

et faisons tendre h vers zéro. Si nous assujettissons h à ne prendre que des valeurs négatives, la plus petite et la plus grande des limites du rapport sont les deux *nombres dérivés à gauche* au point x_0. Ces deux nombres, qui ont été définis et étudiés par P. du Bois-Reymond et Dini, sont encore appelés les *extrêmes oscillatoires antérieurs.* La plus petite limite est le *nombre dérivé inférieur à gauche,* la plus grande limite est le *nombre dérivé supérieur à gauche.*

(*Math. Ann.*, Bd. XXI, XXIV), Hölder (*Math. Ann.*, Bd. XXIV), de la Vallée-Poussin (*J. de Liouville*, série 4, vol. VIII), Stolz (*Wiener Berichte*, Bd. CVII), Moore (*Trans. Amer. Math. Soc.*, vol. II).

([1]) On peut aussi considérer le cas des fonctions discontinues, mais les définitions du texte nous suffiront.

En donnant à h des valeurs positives on définit les *deux nombres dérivés à droite* ou *extrêmes oscillatoires postérieurs*.

Ces quatre nombres, qui ne sont pas nécessairement finis, se notent

$$\lambda_g, \quad \Lambda_g, \quad \lambda_d, \quad \Lambda_d :$$

si l'on veut rappeler la fonction f et la valeur x_0 dont il s'agit on écrit $\lambda_g f(x_0)$, $\Lambda_g f(x_0)$ ([1]).

La signification géométrique de ces nombres est simple. Soit la courbe $y = f(x)$, considérons l'arc AB de cette courbe correspondant à l'intervalle $(x_0, x_0 + h)$; supposons-le positif. Toutes les droites joignant A à un point quelconque de AB sont toutes les droites d'un certain angle XAY. Faisons tendre h vers zéro, l'angle XAY varie de telle manière que, pour la valeur h, il contient tous les angles correspondant aux valeurs inférieures à h.

Ceci suffit pour qu'on en conclut l'existence de droites limites ξA, ηA pour XA et YA. Les coefficients angulaires de ces deux droites limites sont les nombres dérivés à droite.

On pourra faire la figure pour la courbe $y = x \sin\dfrac{1}{x}$; pour $x = 0$ les deux nombres dérivés inférieurs sont égaux à -1 et les deux nombres dérivés supérieurs sont égaux à $+1$. Pour cette courbe l'angle XAY est fixe. Au contraire, il varie pour la fonction

$$y = x \sin\frac{1}{x} + x^2 \sin\frac{1}{x}$$

qui admet les mêmes nombres dérivés que la précédente pour $x = 0$.

Les nombres dérivés peuvent remplacer dans certaines études les dérivées ordinaires. Dans l'étude de la variation d'une fonction par exemple : si les nombres dérivés sont tous quatre positifs, la fonction est croissante; si les deux nombres dérivés postérieurs sont positifs, la fonction est croissante à droite; si les deux dérivés postérieurs sont positifs et les deux antérieurs négatifs, la fonction admet un minimum pour $x = x_0$; si les deux nombres dérivés à droite sont de signes contraires la fonction n'est ni crois-

---

([1]) On emploie aussi quelquefois les notations D_-, D^-, D_+, D^+ ou d_-, D_-, d_+, D_+.

sante ni décroissante à droite de $x = x_0$, mais si l'un des deux est nul on ne peut plus rien dire.

Lorsque $\Lambda_d = \lambda_d$ on dit que la fonction admet une *dérivée à droite* égale à Λ_d; si $\Lambda_g = \lambda_g$, la valeur de Λ_g est *dérivée à gauche*.

Si $\Lambda_d = \lambda_d = \Lambda_g = \lambda_g$, la fonction a une dérivée égale à Λ_d. Cette définition est identique à la définition classique sauf le cas où $\Lambda_d = \pm \infty$ ([1]).

Faisons une application de ces définitions à l'intégrale. Le théorème de la moyenne donne

$$l \leqq r[\mathrm{F}(x), \alpha, \beta] \leqq \mathrm{L},$$

si F est l'une quelconque des trois intégrales indéfinies et si l et L sont les limites inférieure et supérieure de f dans (α, β); on peut même supposer que α est exclu de l'intervalle (α, β).

Si nous faisons tendre β vers α par valeurs plus petites que α, nous voyons que *le nombre dérivé supérieur à gauche pour $x = \alpha$ d'une des intégrales indéfinies d'une fonction bornée $f(x)$, est au plus égal à la limite supérieure de $f(x)$ à gauche de α et le nombre dérivé inférieur de $f(x)$ à gauche est au moins égal à la limite inférieure de $f(x)$, à gauche de α.*

Supposons que $f(\alpha - o)$ existe, alors les deux limites de $f(x)$ à gauche de α sont $f(\alpha - o)$, donc : *quand $f(\alpha - o)$ existe, l'une quelconque des intégrales indéfinies de la fonction bornée $f(x)$ admet, pour $x = \alpha$, une dérivée à gauche égale à $f(\alpha - o)$.*

On raisonne de même pour les nombres dérivés et la dérivée à droite.

La fonction de Riemann $\sum \frac{(nx)}{n^2}$, n'admettant que des points de discontinuité de première espèce, conduit à une intégrale indéfinie qui a, en tout point, une dérivée à droite et une dérivée à gauche déterminée. C'est en somme l'existence de ces dérivées à droite et à gauche qui a été démontrée à la page 65.

Si $f(\alpha - o)$ et $f(\alpha + o)$ existent et sont égales, l'intégrale de $f(x)$ admet la valeur commune de $f(\alpha - o)$ et $f(\alpha + o)$ pour dérivée, quand $x = \alpha$, quel que soit le nombre $f(\alpha)$.

([1]) Avec cette définition $\sqrt[3]{x}$ admet une dérivée déterminée, $+\infty$, pour $x = o$.

Il existe pour les nombres dérivés une proposition analogue au théorème des accroissements finis ([1]) :

Si L *et* l *sont les limites supérieure et inférieure de l'un quelconque des quatre nombres dérivés de la fonction* $f(x)$ *dans* (a,b), *on a*

$$l \leqq r[f(x), a, b] \leqq L.$$

Je suppose que l et L soient relatifs à Λ_d et je vais démontrer seulement qu'il existe des valeurs de Λ_d au moins égales à

$$r[f(x), a, b].$$

J'adopte pour cela le langage géométrique parce qu'il me paraît plus expressif; on le traduira facilement si l'on veut en langage analytique.

La propriété est évidente si la courbe C qui représente $f(x)$ se réduit à la corde AB joignant ses extrémités (*fig.* 2).

S'il n'en est pas ainsi et s'il existe des points de la courbe C au-

Fig. 2.

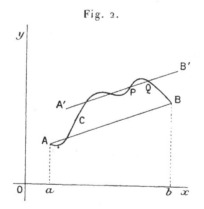

dessus de AB (c'est-à-dire du côté de $y = +\infty$), je déplace la

---

([1]) On sait que ce théorème s'énonce ainsi :

Si une fonction $f(x)$ est continue dans l'intervalle (a,b), et admet une dérivée bien déterminée pour chaque valeur de x intérieure à (a,b), il existe un nombre ξ de cet intervalle tel que

$$f(b) - f(a) = f'(\xi) b - a.$$

Cet énoncé ne suppose pas que $f'(x)$ soit bornée ou même finie, mais si $f'(x)$ est infinie, ce doit être $+\infty$, ou $-\infty$, et non pas $\pm\infty$.

droite AB parallèlement à elle-même en A'B' de manière qu'elle coupe C.

Au-dessus de A'B' il y a des arcs de C, soit PQ l'un d'eux. Au point P de A'B', Λ_d et λ_d sont évidemment supérieurs ou au moins égaux au coefficient angulaire de PQ, c'est-à-dire à $r[f(x), a, b]$ et la propriété est démontrée dans ce cas.

Enfin si C n'a pas de point au-dessus de AB (*fig.* 3), je déplace AB parallèlement à elle-même vers $y = -\infty$, et soit A'B' la der-

Fig. 3.

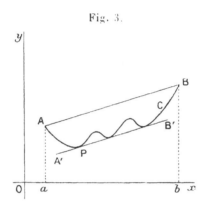

nière position dans laquelle elle ait des points communs avec C. Si P est l'un quelconque de ces points, en ce point Λ_d et λ_d sont au moins égaux à $r[f(x), a, b]$; la propriété est démontrée dans tous les cas.

Du théorème précédent il résulte que *les quatre nombres dérivés ont la même limite supérieure et la même limite inférieure dans tout intervalle.*

Comparons les limites supérieures L et L' de Λ_d et λ_g. Puisque Λ_d a pour limite L et que Λ_d est la limite de rapports $r[f(x), \alpha, \beta]$, où α et β appartiennent à l'intervalle considéré (a, b), on peut trouver α et β dans (a, b) tels que $r[f(x), \alpha, \beta]$ soit supérieur à $L - \varepsilon$. Le maximum de λ_g dans (α, β), donc dans (a, b), est par suite au moins égal à $L - \varepsilon$. Ceci suffit pour démontrer que L et L' sont égaux.

La valeur commune de L et L' est en même temps la limite supérieure du rapport $r[f(x), \alpha, \beta]$.

La propriété énoncée pour les limites supérieure et inférieure dans un intervalle entraîne la même propriété pour les limites supérieure et inférieure en un point: en particulier, si pour l'un des nombres dérivés ces deux limites sont égales, il en est de même pour les autres, ce qui s'énonce : *Si en un point x_0 l'un des nombres dérivés est continu, il en est de même des trois autres nombres dérivés et de plus la fonction admet une dérivée pour $x = x_0$.*

Voici une autre conséquence évidente : *si les quatre nombres dérivés sont bornés, ils admettent la même intégrale supérieure et la même intégrale inférieure; si l'un d'eux est intégrable, tous le sont et ils ont même intégrale.*

Dans le cas des dérivées le théorème de Rolle ([1]) est un cas particulier du théorème des accroissements finis: dans le cas des nombres dérivés le théorème analogue au théorème de Rolle peut s'énoncer ainsi : *Si la fonction continue $f(x)$ s'annule pour a et b, les limites des nombres dérivés dans (a, b) sont, ou toutes deux nulles, ou toutes deux différentes de zéro et de signes contraires.*

Cet énoncé se justifie en remarquant que si $f(x)$ n'est pas constant, $r[f(x), \alpha, \beta]$ prend des valeurs positives et des valeurs négatives.

On peut aussi dire : *si la fonction continue $f(x)$, non constante dans (a, b), s'annule pour a et b, il existe des points de (a, b) pour lesquels les deux nombres dérivés à droite (ou à gauche) sont positifs et non nuls et d'autres points où ils sont négatifs et non nuls.*

La réciproque peut s'énoncer sous la forme suivante : *si l'on sait que les deux nombres dérivés à droite (ou à gauche) de $f(x)$ ne sont jamais tous deux de même signe, $f(x)$ est une constante* ([2]).

Parmi les fonctions continues il faut remarquer les *fonctions à nombres dérivés bornés* qui possèdent beaucoup des propriétés des fonctions dérivables. Cette classe de fonctions comprend les

---

([1]) Ce théorème s'énonce ainsi :

Si une fonction continue $f(x)$ s'annule pour a et b, et admet pour les points intérieurs à (a, b) une dérivée déterminée de grandeur et de signe, finie ou non, cette dérivée s'annule dans (a, b).

([2]) Cette propriété correspond à la suivante : Si la dérivée d'une fonction continue est nulle quel que soit x dans (a, b), la fonction est constante.

intégrales indéfinies. Les fonctions à nombres dérivés bornés sont celles pour lesquelles on a toujours

$$| r[f(x), \alpha, \beta] | < M,$$

où M est un nombre fixe. Cette inégalité, connue sous le nom de *condition de Lipschitz*, intervient dans presque tous les raisonnements sur l'existence des solutions des équations différentielles. Ceci montre l'importance pratique des fonctions à nombres dérivés bornés.

Nous reviendrons au Chapitre VII sur l'étude de ces fonctions; pour le moment il suffira d'en signaler une propriété immédiate :

Une fonction à nombres dérivés bornés et inférieurs en valeur absolue à M *est à variation bornée, sa variation totale étant au plus* Mδ *dans un intervalle d'étendue* δ.

Soit maintenant une courbe rectifiable

$$x = x(t), \quad y = y(t), \quad z = z(t),$$

définie dans (a, b), et soit $s(t)$ son arc de a à t.

L'équation $s(t) = s$ peut être résolue en t quand s est dans l'intervalle $[0, s(b)]$ et n'admet qu'une solution, sauf le cas où $x(t), y(t), z(t)$ seraient constantes à la fois dans un intervalle. Sauf dans ce cas, $t(s)$ est une fonction croissante bien déterminée.

$$x = x[t(s)], \quad y = y[t(s)], \quad z = z[t(s)]$$

représentent la courbe donnée et les fonctions de s sont des fonctions continues à nombres dérivés au plus égaux à 1.

L'étude des courbes rectifiables, et par suite celle des fonctions à variation bornée, est donc intimement liée à l'étude des fonctions à nombres dérivés bornés. Nous aurons l'occasion de nous servir de cette remarque.

Il existe d'ailleurs des fonctions continues à variation bornée et à nombres dérivés non bornés, la fonction $x^2 \sin \frac{1}{x}$ en est un exemple.

III. — *Fonctions déterminées par un de leurs nombres dérivés.*

Revenons à la recherche des fonctions primitives. Le problème :

A. *Trouver une fonction dont la dérivée soit une fonction donnée,*

n'admet pas en général de solution. Aussi le remplace-t-on par deux autres :

B. *Reconnaître si une fonction donnée est une fonction dérivée.*

C. *Trouver une fonction connaissant sa dérivée.*

À ces problèmes correspondent les suivants :

A'. *Trouver une fonction dont le nombre dérivé supérieur à droite (ou l'un des autres nombres dérivés) est donné.*

B'. *Reconnaître si une fonction donnée est le nombre dérivé supérieur à droite d'une fonction inconnue.*

C'. *Trouver une fonction connaissant son nombre dérivé supérieur à droite.*

Nous allons d'abord préciser l'indétermination de la solution du problème C' en démontrant qu'*une fonction est déterminée, à une constante additive près, quand on connaît la valeur finie de l'un des nombres dérivés pour chaque valeur finie de la variable.*

Soient en effet deux fonctions $f_1(x)$ et $f_2(x)$ ayant en chaque point le même nombre dérivé supérieur à droite. Nous avons, par hypothèse,

$$\Lambda_d f_1(x) = \Lambda_d f_2(x)$$

et aussi

$$\lambda_d[-f_2(x)] = -\Lambda_d f_2(x),$$

comme on le voit en se reportant à la définition géométrique ou analytique des nombres dérivés. Cette définition fournit aussi l'inégalité

$$\lambda_d[f_1(x) - f_2(x)] \leqq \Lambda_d f_1(x) + \lambda_d[-f_2(x)] \leqq \Lambda_d[f_1(x) - f_2(x)],$$

dans laquelle le terme du milieu est nul.

La fonction $f_1(x) - f_2(x)$ n'a donc jamais ses deux nombres dérivés à droite différents de zéro et de même signe, elle est constante.

Notre proposition est démontrée. La démonstration ne suppose pas que la fonction soit à nombres dérivés bornés, mais elle suppose que le nombre dérivé donné est fini, sans quoi le terme du milieu, dans l'inégalité qui nous a servi, n'aurait aucun sens.

Il serait très intéressant de savoir si, dans tous les cas, une fonction est déterminée, à une constante additive près, par l'un de ses nombres dérivés; cette question n'a pas encore été résolue. Il faut remarquer que la question n'est pas tranchée, même dans le cas de la dérivée ordinaire, si l'on admet qu'une dérivée peut être infinie : on sait que deux fonctions, qui ont toujours la même dérivée, ne diffèrent que par une constante lorsque cette dérivée est finie; pour le cas général on ne sait rien.

On peut cependant étendre le résultat précédent à certains nombres dérivés non toujours finis, quand l'ensemble des points où le nombre dérivé est infini est assez simple. Par exemple, si le nombre fini $\Lambda_d f(x)$ est donné pour toute valeur de la variable, sauf pour les points d'un ensemble E, la fonction *continue* $f(x)$ est déterminée à une constante additive près dans tout intervalle contigu à E; donc il en est aussi de même dans tout intervalle si E est réductible, comme on le voit en reprenant les raisonnements employés au Chapitre I, à l'occasion des recherches de Cauchy et Dirichlet.

Nous aurons un résultat analogue toutes les fois que nous connaîtrons un ensemble solution de l'un des problèmes suivants :

D. *En quel ensemble de points suffit-il de connaître la dérivée finie d'une fonction pour que cette fonction soit déterminée à une constante additive près?*

D'. *En quel ensemble de points suffit-il de connaître la valeur finie du nombre dérivé supérieur à droite d'une fonction pour que cette fonction soit déterminée à une constante additive près?*

Nous venons de citer une famille d'ensembles répondant à la question : les ensembles réductibles; on doit à Ludwig Scheeffer une solution plus générale :

Une fonction est déterminée, à une constante additive près, *quand on connaît pour chaque valeur de x, sauf peut-être pour celles d'un ensemble dénombrable* E, *la valeur finie du nombre dérivé supérieur à droite de cette fonction.*

Soient $f_1(x)$ et $f_2(x)$ les deux fonctions ayant en général le même nombre dérivé supérieur à droite fini ; nous allons démontrer que l'on a toujours

$$f_1(x) - f_2(x) = f_1(a) - f_2(a),$$

et pour cela nous démontrerons que l'égalité

(1) $$f_1(b) - f_2(b) = f_1(a) - f_2(a) - \mathrm{H}$$

où H est différent de zéro est impossible. Il suffit de considérer le cas où H est positif, puisque l'autre cas se réduit à celui-là par le changement de f_1 et f_2 ; de même on peut supposer $b > a$.

Considérons la fonction

$$\varphi_c(x) = c(x-a) + f_1(x) - f_2(x) - f_1(a) + f_2(a) + \frac{\mathrm{H}}{2},$$

dans laquelle c est une constante telle que

$$0 < c < \frac{\mathrm{H}}{2(b-a)}.$$

Alors

$$\varphi_c(a) = \frac{\mathrm{H}}{2} > 0, \qquad \varphi_c(b) = c(b-a) - \frac{\mathrm{H}}{2} < 0 ;$$

la fonction φ_c étant continue s'annule entre a et b ; soit x_c la plus grande des valeurs comprises entre a et b qui annule φ_c. On a évidemment

$$\Lambda_d\, \varphi_c(x_c) \leqq 0.$$

On peut conclure de là que x_c est en un point de E.

En effet, nous avons démontré, page 74, que, pour tout point n'appartenant pas à E, on a

$$\Lambda_d[f_1(x) - f_2(x)] \geqq 0 ;$$

donc pour ces points on a :

$$\Lambda_d\varphi_c(x) \geqq c > 0.$$

A chaque valeur c de l'intervalle $\left[\, 0, \dfrac{\mathrm{H}}{2(b-a)} \,\right]$ correspond ainsi un point x_c de E. Mais, si c et c_1 sont différents, x_c et x_{c_1} le sont, car l'égalité

$$\overline{c(x_c) = c_1(x_{c_1}) = 0} \qquad x_c = x_{c_1}$$

entraîne

$$c(x_c - a) = c_1(x_{c_1} - a)$$

et x_c est différent de a.

Donc, pour que l'égalité (1) soit possible, il faut que E ait la puissance du continu (¹).

Une conséquence de cette propriété, signalée par Ludwig Scheeffer, est qu'une fonction est déterminée quand on connaît sa dérivée pour toutes les valeurs irrationnelles. Mais une fonction n'est pas déterminée quand on connaît, pour chaque valeur rationnelle de x, la valeur finie de sa dérivée. Pour le prouver, soient x_1, x_2, ... les nombres rationnels positifs. Traçons un intervalle δ_1 de longueur incommensurable, ayant x_1 comme milieu. Soit x_{α_2} le premier des x_i ne faisant pas partie de δ_1 : traçons un intervalle δ_2 de longueur incommensurable, de milieu x_{α_2} et n'empiétant pas sur δ_1. Si x_{α_3} est le premier des x_i qui ne fait partie ni de δ_1, ni de δ_2, x_{α_3} est le milieu d'un intervalle incommensurable n'empiétant ni sur δ_1, ni sur δ_2, et ainsi de suite.

La fonction $f(x)$, égale à la somme des longueurs des intervalles δ et des parties d'intervalles δ, compris entre o et x, est une fonction continue croissante de x, qui admet $+1$ comme dérivée pour toutes les valeurs rationnelles de x. Et cependant cette fonction n'est pas nécessairement de la forme $x+$const., puisque $f(+\infty)-f(o)$ est la somme des longueurs des δ, somme qui a telle valeur positive que l'on veut.

La fonction continue $f(x) - 1$ n'est pas constante et dans tout intervalle il existe des points où sa dérivée est nulle.

C'est à l'occasion d'une fonction dont la dérivée s'annule dans tout intervalle que Ludwig Scheeffer a entrepris ses recherches sur la détermination d'une fonction par ses dérivées.

Comme fonctions dont la dérivée s'annule dans tout intervalle

(¹) La démonstration précédente est, à très peu près, celle de L. Scheeffer. J'ai respecté aussi son énoncé, mais il est bon de remarquer que la démonstration suppose seulement que E n'a pas la puissance du continu, ce qui ne signifie peut-être pas que E est dénombrable.

nous pouvons encore citer la fonction $\varphi(x)$, page 13, la fonction $\xi(x)$, page 55.

La démonstration précédente est assez artificielle, en voici une autre :

Les deux fonctions f_1 et f_2 ayant même Λ_d en tout point, sauf peut-être aux points de E, la fonction $f(x) = f_1 - f_2$ a, en tout point n'appartenant pas à E, un Λ_d positif ou nul et un λ_d négatif ou nul. Si α est un tel point, faisons-lui correspondre le plus grand intervalle $(\alpha, \alpha + h)$ tel que l'on ait

$$f(\alpha + h) - f(\alpha) < \varepsilon h.$$

Supposons les points de E rangés en suite simplement infinie, $x_1,\ x_2,\ \dots$. A x_n faisons correspondre le plus grand intervalle (x_n, x'_n) tel que l'on ait

$$f(x'_n) - f(x_n) < \frac{\varepsilon}{2^n}.$$

Chaque point de (a, b) est maintenant l'origine d'un intervalle δ attaché à ce point ; nous pouvons couvrir (a, b), à partir de a, à l'aide d'une chaîne d'intervalles δ, page 63. Servons-nous de ces intervalles pour calculer $f(b) - f(a)$, nous trouvons que cette quantité est au plus égale à

$$\varepsilon \Sigma h + \varepsilon \Sigma \frac{1}{2^n} \leqq \varepsilon(b - a + 1) ;$$

or ε est quelconque, donc $f(b) = f(a)$; et, puisque ce raisonnement pourrait être employé pour une partie quelconque de (a, b), la fonction $f(x)$ est constante.

Ce mode de démonstration conduit à un autre résultat. Supposons que E soit, non plus nécessairement dénombrable, mais seulement de mesure nulle. Cela veut dire que les points de E peuvent être recouverts à l'aide d'une infinité dénombrable d'intervalles d dont la somme des longueurs est aussi petite que l'on veut.

L'intervalle δ attaché à un point ne faisant pas partie de E a été défini. A un point P de E nous faisons maintenant correspondre, comme intervalle δ, l'intervalle δ_1 dont l'origine est P et dont l'extrémité est l'extrémité de l'intervalle d contenant P.

Nous recouvrons (a, b) à partir de a à l'aide d'une chaîne d'intervalles δ et δ_1 ; cette chaîne donne, comme limite supérieure de l'accroissement $f(b) - f(a)$ de $f(x)$ dans (a, b), le nombre $\varepsilon \Sigma l$ augmenté de la somme des accroissements de $f(x)$ dans les intervalles δ_1. La somme λ des longueurs des δ_1 est plus petite que la somme relative aux d, donc elle est aussi petite que l'on veut. Cela ne permet pas d'en conclure en général que la somme correspondante des accroissements de $f(x)$ est aussi petite que l'on veut; mais si $f_1(x)$ et $f_2(x)$ ont des nombres dérivés inférieurs en valeur absolue à M, cette somme est inférieure à $2\,M\lambda$. Ainsi :

Une fonction $f(x)$, à nombres dérivés bornés, est déterminée, à une constante additive près, quand on connaît son nombre dérivé supérieur à droite, pour toute valeur de x sauf pour celles d'un ensemble de mesure nulle.

Cet énoncé ne nous fournit aucun renseignement relativement à l'indétermination du problème C' quand le nombre dérivé donné n'est pas borné, puisque $f(x)$ est supposée à nombres dérivés bornés. Cette restriction est d'ailleurs nécessaire : la fonction $\xi(x)$, page 55, n'est pas une constante, elle a sa dérivée nulle partout, sauf peut-être aux points de Z qui est de mesure nulle.

Les théorèmes précédents peuvent être avantageusement transformés : pour ces transformations j'utiliserai une généralisation heureuse de la notion de limite inférieure et supérieure qui est due à M. Baire ([1]).

Soit une fonction $f(x)$; la limite supérieure de $f(x)$, dans un intervalle (a, b), est un nombre L tel que l'ensemble $E(f > m)$ des points x de (a, b), tels que $f(x)$ soit supérieure à m, existe dès que m est inférieur à L, tandis qu'il ne contient aucun point pour $m > L$; la limite inférieure de $f(x)$ dans l'intervalle (a, b) peut se définir de même.

Il existe de même un nombre L_1 tel que l'ensemble $E(f > m)$ est dénombrable pour $m > L_1$ et ne l'est pas pour $m < L_1$. Ce nombre L_1 est appelé par M. Baire *la limite supérieure de $f(x)$ dans (a, b), quand on néglige les ensembles dénombrables.*

Cet exemple suffira pour faire comprendre ce qu'il faudra entendre par la limite supérieure ou inférieure, dans un inter

([1]) Thèse : *Sur les fonctions de variables réelles* (*Annali di Matematica,* 1900).

valle ou en un point, d'une fonction quand on néglige les ensembles dénombrables, ou les ensembles non denses, ou les ensembles de mesure nulle. Si, en négligeant certains ensembles, on obtient des limites inférieure et supérieure égales, on pourra dire, qu'à ces ensembles près, la fonction est continue.

Ces définitions posées, voici les deux propositions que j'avais en vue : *Les limites inférieure et supérieure d'un nombre dérivé sont les mêmes, que l'on néglige ou non les ensembles dénombrables.*

Les limites inférieure et supérieure d'un nombre dérivé borné sont les mêmes, que l'on néglige ou non les ensembles de mesure nulle.

Je démontre par exemple la première de ces deux propositions. Si les limites supérieures L et L_1 d'un nombre dérivé $\Lambda_d \varphi(x)$, obtenues en tenant compte puis sans tenir compte des ensembles dénombrables, sont inégales, et si K est un nombre fini compris entre L et L_1, le nombre dérivé $\Lambda_d[\varphi(x) - K]$ est négatif sauf pour les points d'un ensemble dénombrable pour lesquels il est positif. Or il suffit de reprendre, en le modifiant légèrement, l'un ou l'autre des deux raisonnements qui nous ont conduits au théorème de Scheeffer, pour voir que cela est impossible.

IV. — *Recherche de la fonction dont un nombre dérivé est connu.*

Nous allons essayer de résoudre les problèmes B' et C' dans le cas où la fonction $f(x)$, donnée comme Λ_d, est bornée.

Divisons l'intervalle positif (a, b) en intervalles partiels. Dans (α, β) les limites inférieure et supérieure de $f(x)$ sont l et L, donc on a, si F est la fonction cherchée telle que

$$\Lambda_d F(x) = f(x),$$
$$(\beta - \alpha)\, l \leqq F(\beta) - F(\alpha) \leqq (\beta - \alpha)\, L.$$

Si nous faisons la somme des inégalités analogues, relatives aux intervalles partiels, nous avons, en faisant tendre ces intervalles vers zéro,

$$\int_a^b \Lambda_d f(x)\,dx \leqq F(b) - F(a) \leqq \overline{\int_a^b \Lambda_d f(x)\,dx}.$$

De cette inégalité il résulte en particulier que : *si l'un des nombres dérivés d'une fonction f(x) est intégrable, auquel cas les trois autres le sont aussi et ont même intégrale, son intégrale indéfinie est de la forme f(x) + const.;* et cet énoncé, plus particulier encore : *lorsqu'une dérivée est intégrable, il y a identité entre ses fonctions primitives et ses intégrales indéfinies.*

Ces énoncés s'appliqueraient évidemment au cas où la fonction donnée deviendrait infinie au voisinage des points d'un ensemble réductible, à condition d'employer la généralisation de l'intégrale qui a été indiquée page 96.

Si nous tenons compte des théorèmes énoncés à la fin du Paragraphe précédent, nous voyons que si l'on connaît partout le nombre dérivé, sauf pour les valeurs d'un ensemble dénombrable, — ou si on le connaît partout, sauf pour les valeurs d'un ensemble de mesure nulle, et si l'on sait de plus qu'il est borné, — on peut encore appliquer les théorèmes précédents, à condition d'étendre les intégrales qui y figurent à l'ensemble dans lequel on connaît le nombre dérivé.

À cette remarque s'en rattache une autre plus importante. Le cas dans lequel nous savons résoudre le problème C' est celui où le nombre dérivé donné est intégrable. Ce nombre dérivé a alors des points de continuité; en ces points il y a une dérivée égale au nombre dérivé donné, et l'on connaît partout la dérivée de la fonction inconnue, sauf aux points de discontinuité, c'est-à-dire sauf aux points d'un ensemble de mesure nulle. Il suffirait de se servir des valeurs connues de la dérivée pour avoir la fonction. Le cas résolu du problème C' se ramène donc en réalité au problème C.

Les raisonnements qui précèdent nous permettent de répondre aux questions B et B' dans un cas important, celui où la fonction donnée est intégrable. Pour reconnaître, par exemple, si une fonction intégrable donnée $f(x)$ est une dérivée exacte, on formera son intégrale indéfinie $F(x)$, puis on recherchera si

L. 6

l'on a

$$f(x) = \lim_{h=o} \frac{F(x+h) - F(x)}{h}.$$

On a donc un procédé régulier de calcul permettant de reconnaître si f est ou non une dérivée exacte. Il est vrai qu'il faut rechercher si une certaine expression a ou non la limite connue $f(x)$; mais une dérivée étant par définition une limite, il est peu problable qu'on puisse remplacer le procédé de calcul indiqué par un autre dans lequel on n'emploierait pas les limites.

Nous avons trouvé une condition nécessaire et suffisante pour qu'une fonction intégrable soit une dérivée; elle ne se présente pas sous la forme que l'on donne habituellement à de telles conditions. Le plus souvent on énonce, comme condition nécessaire et suffisante pour l'existence d'un fait A, l'existence d'une propriété B qui accompagne toujours le fait A et est toujours accompagnée par lui; mais, pour que l'on ait autre chose qu'une tautologie, il faut que l'on connaisse un procédé régulier de calcul permettant de savoir si l'on a ou non la propriété B. C'est ce procédé qui a été directement donné pour le cas qui nous occupe.

Si l'on tient à énoncer la condition nécessaire et suffisante trouvée sous la forme habituelle, on pourra, comme le fait M. Darboux, appeler valeur moyenne dans (a, b) d'une fonction intégrable $f(x)$ la quantité $\frac{1}{b-a} \int_a^b f(x)\,dx$; puis on appellera valeur moyenne au point x_0 la limite, si elle existe, de la valeur moyenne dans $(x_0 - h, x_0 + k)$, quand les nombres positifs h et k tendent vers zéro; et l'on a l'énoncé suivant :

Pour qu'une fonction intégrable soit une fonction dérivée, il faut et il suffit qu'elle ait en tout point une valeur moyenne déterminée et qu'elle soit partout égale à sa valeur moyenne.

V. — *L'intégration riemannienne considérée comme l'opération inverse de la dérivation.*

Nous avons vu que l'on a généralisé de différentes manières le problème des fonctions primitives; recherchons maintenant si l'une de ces généralisations permet de considérer l'intégration au sens de Riemann comme le problème inverse de la dérivation.

Si nous nous rappelons qu'une intégrale indéfinie admet comme dérivée la fonction intégrée en tous les points où celle-ci est continue, nous sommes conduits à nous poser, avec M. Volterra, le problème suivant : Rechercher une fonction continue qui admette une fonction bornée donnée $f(x)$ pour dérivée en tous les points où $f(x)$ est continue (¹).

Ce problème est toujours possible, car les deux intégrales par défaut et par excès de $f(x)$ répondent à la question. Mais il est en général indéterminé, c'est-à-dire que toutes ses solutions ne sont pas comprises dans une formule de la forme $F(x) +$ const. Lorsque $f(x)$ n'est pas intégrable, le problème est toujours indéterminé. Si $f(x)$ est intégrable, il se peut que le problème soit déterminé: c'est le cas quand l'ensemble des points de discontinuité est réductible, mais il se peut aussi qu'il soit indéterminé. Il en est ainsi lorsque l'ensemble des points de discontinuité contient un ensemble parfait E; nous avons appris, page 13, à former une fonction continue non partout constante, mais constante dans tout intervalle contigu à E: cette fonction, ajoutée à une fonction solution du problème proposé, donne une nouvelle solution de ce problème.

Ainsi notre problème comprend comme cas particulier le problème de l'intégration indéfinie riemannienne, mais il est plus vaste que ce dernier problème.

Proposons-nous maintenant de *trouver une fonction à nombres dérivés bornés qui admette une fonction bornée donnée $f(x)$ comme dérivée en tous les points où $f(x)$ est continue.*

Ce nouveau problème est toujours possible et admet encore pour solutions les deux intégrales de $f(x)$; mais, si $f(x)$ est intégrable,

---

(¹) En réalité M. Volterra recherche les fonctions qui admettent $f(x)$ pour dérivée en tous les points qui ne sont ni des points de discontinuité de $f(x)$, ni des points limites de discontinuités. De plus M. Volterra suppose implicitement que les fonctions dont il s'occupe ont des nombres dérivés bornés. Pour ces deux raisons les résultats qu'il obtient ne sont pas ceux du texte; d'ailleurs toute fonction est évidemment solution du problème de M. Volterra, si les points de discontinuité de $f(x)$ forment un ensemble partout dense, tandis qu'il n'y a que des fonctions très particulières qui satisfont à l'énoncé du texte.

il est déterminé, car la dérivée de la fonction à nombres dérivés bornés cherchée est connue partout, sauf aux points d'un ensemble de mesure nulle. Ce problème n'est donc déterminé que pour les fonctions intégrables ; lorsqu'il est déterminé, sa solution est l'intégrale indéfinie de $f(x)$.

Nous pouvons ainsi, en un certain sens, considérer l'intégration riemannienne comme l'opération inverse de la dérivation.

CHAPITRE VI.

I. — *Recherche directe des fonctions primitives.*

Nous avons obtenu des théorèmes permettant théoriquement, dans des cas étendus, de reconnaître si une fonction donnée est une fonction dérivée et, s'il en est ainsi, de trouver sa fonction primitive. En réalité, un seul de ces théorèmes est employé couramment : toute fonction continue est une fonction dérivée. Quant au calcul effectif des fonctions primitives il ne se fait jamais au moyen de l'intégrale définie ([1]), mais à l'aide des procédés connus sous le nom d'intégration par partie et d'intégration par substitution. Ces deux procédés s'appliquent, qu'il s'agisse de fonctions continues ou non.

On peut aussi utiliser le théorème suivant : *Une série uniformément convergente de fonctions dérivées représente une fonction dérivée.*

Sa fonction primitive s'obtient en faisant la somme des fonctions primitives des termes de la série donnée, les constantes étant choisies de manière que la série obtenue soit convergente pour l'une des valeurs de la variable.

Soient

$$f = u_1 + u_2 + \ldots = u_1 + \ldots + u_n + r_n = s_n + r_n,$$
$$F = U_1 + U_2 + \ldots = U_1 + \ldots + U_n + R_n = S_n + R_n$$

([1]) Cependant il est parfois possible d'effectuer *pratiquement* la recherche d'une fonction primitive à l'aide d'intégrales définies. On trouvera un exemple d'une telle recherche dans l'*Introduction à l'étude des fonctions d'une variable réelle* de M. J. Tannery, p. 284.

la série donnée et la série des fonctions primitives, laquelle est, par hypothèse, convergente pour une certaine valeur x_0.

Choisissons n assez grand, pour que l'on ait, quel que soit p positif,

$$|s_{n+p}(x) - s_n(x)| < \varepsilon;$$

le théorème des accroissements finis donne, si (a, b) est l'intervalle considéré,

$$|S_{n+p}(x) - S_n(x)| < \varepsilon|x - x_0| + |S_{n+p}(x_0) - S_n(x_0)|$$
$$\leqq \varepsilon(b - a) + |S_{n+p}(x_0) - S_n(x_0)|.$$

Cette inégalité montre que la série F est uniformément convergente dans (a, b), puisqu'elle est convergente pour x_0.

Évaluons le rapport

$$r[F(x), x, x+h] = \frac{F(x+h) - F(x)}{h} = \Lambda F(x),$$
$$\Lambda F = \Lambda S_n + \Lambda R_n = \Lambda S_n + \lim_{p=\infty} \Lambda(S_{n+p} - S_n).$$

La quantité $\Lambda(S_{n+p} - S_n)$ est inférieure en valeur absolue à ε, d'après le théorème des accroissements finis, donc, si l'on fait tendre h vers zéro, l'une quelconque des limites de ΛF ne diffère que de ε au plus de la limite $s_n(x)$ de ΛS_n. Puisque ε est quelconque, il est ainsi démontré que $F(x)$ admet $f(x)$ pour dérivée.

Ce théorème nous permettra d'employer le principe de condensation des singularités à la construction de fonctions dérivées.

Lorsqu'une fonction dérivée est donnée par une série de fonctions dérivées non négatives on peut prendre les fonctions primitives terme à terme à condition de choisir les constantes de manière que la série obtenue soit convergente.

Pour le démontrer, je conserve les notations précédentes, et je suppose, pour simplifier le langage, que la série F soit convergente pour l'origine de l'intervalle (a, b) considéré et que $U_1, U_2 \ldots$ s'annulent pour $x = a$. Soit $\mathscr{F}$ celle des fonctions primitives de f qui s'annule par $x = a$. Il faut démontrer que $F = \mathscr{F}$.

Tous les U_i sont positifs, donc S_n croît avec n. Mais, puisque f est au moins égale à s_n, $\mathscr{F}(x)$ est au moins égale à $S_n(x)$, et $S_n(x)$ tend vers une limite $F(x)$, au plus égale à $\mathscr{F}(x)$

Le même raisonnement appliqué à l'intervalle positif $(x, x + h)$ montre que $\mathfrak{F}(x + h) - \mathfrak{F}(x)$ est au moins égale à $F(x + h) - F(x)$, et par suite $f(x)$, dérivée de $\mathfrak{F}(x)$, est au moins égale à $\Lambda_d F(x)$.

D'autre part $F(x + h) - F(x)$ est supérieure à $S_n(x + h) - S_n(x)$, donc $\lambda_d F(x)$ est au moins égale à la dérivée $s_n(x)$ de $S_n(x)$, et, puisque n est quelconque, $\lambda_d F(x)$ est au moins égale à $f(x)$.

$F(x)$ a donc une dérivée à droite égale à $f(x)$: en raisonnant de même sur l'intervalle négatif $(x, x - h)$, on voit que $F(x)$ admet aussi $f(x)$ pour dérivée à gauche: le théorème est démontré.

Nous pouvons dire aussi : *si des fonctions dérivées f_n tendent en croissant vers une fonction dérivée f, leurs fonctions primitives tendent vers la fonction primitive de $f(x)$ si les constantes sont choisies convenablement.*

On peut écrire en effet

$$f = f_1 + (f_2 - f_1) + (f_3 - f_2) + \ldots,$$

et tous les termes, qui sont des fonctions dérivées, sont positifs, à l'exception peut-être du premier.

Le théorème est encore vrai si, au lieu de considérer des fonctions $f_n(x)$ croissant avec l'entier n, on considère des fonctions dérivées $f(x, \alpha)$ croissant avec le paramètre α, et tendant vers une fonction dérivée f quand α tend vers α_0.

Enfin, il faut remarquer qu'il est nécessaire de savoir que la fonction f, limite ou somme, est une fonction dérivée, pour avoir le droit d'appliquer le théorème précédent : la fonction

$$f(x, \alpha) = - e^{-\alpha x^2}$$

tend en croissant, quand α augmente indéfiniment, vers la fonction $f(x)$ partout nulle sauf pour $x = 0$ où elle est égale à -1. Cependant $f(x, \alpha)$ est une fonction dérivée et $f(x)$ n'en est pas une.

Ces deux propriétés vont nous permettre d'effectuer la recherche des fonctions primitives dans des cas étendus.

Tout d'abord, quand une fonction est la somme d'une série uniformément convergente de fonctions dérivées, c'est une fonction dérivée dont nous savons trouver les fonctions primitives. Voici une application théorique importante.

Soit une fonction continue $f(x)$ définie dans (a, b). Marquons les points $x_0 = a$, x_1, x_2..., $x_n = b$ pris assez rapprochés pour que, dans (x_i, x_{i+1}), l'oscillation de f soit inférieure à ε.

Dans la courbe $y = f(x)$ inscrivons la ligne polygonale $y = \varphi(x)$ dont les sommets ont pour abscisses $x_0, x_1, \ldots, x_n$, $f(x)$ et $\varphi(x)$ diffèrent de moins de ε. C'est dire que $\varphi(x)$ tend uniformément vers $f(x)$, quand ε tend vers zéro; il nous suffira donc de démontrer que $\varphi(x)$ est une fonction dérivée pour que nous puissions affirmer qu'il en est de même de $f(x)$. Mais $\varphi(x)$, étant dans (x_i, x_{i+1}) le polynome du premier degré

$$\varphi(x) = f(x_i) + (x - x_i)\frac{f(x_{i+1}) - f(x_i)}{x_{i+1} - x_i},$$

est la dérivée de la fonction continue qui, dans (x_i, x_{i+1}), est définie par

$$\Phi(x) = \sum_{j=1}^{j=i}(x_j - x_{j-1})\frac{f(x_j) - f(x_{j-1})}{2}$$
$$+ (x - x_i)f(x_i) + \frac{(x - x_i)^2}{2}\frac{f(x_{i+1}) - f(x_i)}{x_{i+1} - x_i}.$$

Il est démontré que *toute fonction continue est une fonction dérivée*, et cela sans avoir recours à l'intégration ([1]).

Lorsque nous saurons mettre une fonction sous la forme d'une série de fonctions dérivées toutes de même signe, nous aurons un procédé régulier de calcul permettant de reconnaître si f est une dérivée exacte, puisque la fonction primitive de f ne peut être autre que la somme des fonctions primitives des termes de la série donnée (*comparez* p. 82).

Ainsi les deux théorèmes sur les fonctions primitives des séries nous permettent de faire dans certains cas, relativement à la détermination des fonctions primitives, ce que les théorèmes sur l'intégration nous permettent de faire pour les fonctions intégrables.

([1]) On pourrait être tenté, pour appliquer le théorème sur les séries uniformément convergentes de dérivées, de s'appuyer sur cette proposition, due à Weierstrass: toute fonction continue est représentable par une série uniformément convergente de polynomes. Pour que cette méthode convienne pour le but que nous avions en vue, il faut avoir soin de démontrer le théorème de Weierstrass sans se servir de l'intégration. La démonstration que j'ai donnée dans le *Bulletin des Sciences mathématiques* de 1898, dans une Note *Sur l'approximation des fonctions,* satisfait à cette condition.

Je laisse de côté les remarques analogues relatives à la recherche d'une fonction admettant pour nombre dérivé une fonction donnée. Je vais indiquer quelques propriétés des fonctions dérivées qui permettront parfois de reconnaître immédiatement qu'une fonction donnée n'est pas une fonction dérivée.

II. — *Propriétés des fonctions dérivées.*

Une fonction dérivée ne peut passer d'une valeur à une autre sans prendre toutes les valeurs intermédiaires. Supposons, en effet, que l'on ait $f'(a) = A$, $f'(b) = B$, et soit C un nombre compris entre A et B. On peut prendre h positif assez petit pour que $r[f(x), a, a+h] = \Lambda f(a)$ soit compris entre A et C et que $\Lambda f(b-h)$ soit compris entre B et C. La fonction $\Lambda f(x)$ est, h étant fixe, une fonction continue de x; quand x varie de a à $b-h$ elle passe d'une valeur comprise entre A et C à une valeur comprise entre B et C, donc pour une certaine valeur x_0 de $(a, b-h)$ on a $\Lambda f(x_0) = C$. Le théorème des accroissements finis montre que dans (x_0, x_0+h) il existe une valeur c telle que $f'(c) = C$ [1].

Les fonctions dérivées jouissent donc de l'une des propriétés des fonctions continues. M. Darboux, dans son Mémoire *Sur les fonctions discontinues* [2], a beaucoup insisté sur cette propriété. On avait pris, en France, l'habitude de définir une fonction continue celle qui ne peut passer d'une valeur à une autre sans passer par toutes les valeurs intermédiaires, et l'on considérait cette définition comme équivalente à celle de Cauchy. M. Darboux, qui construisait dans son Mémoire des fonctions dérivées non continues au sens de Cauchy, a pu montrer que les deux définitions de la continuité étaient fort différentes [3].

Il est facile de citer des fonctions discontinues qui ne passent pas

---

[1] Ceci ne suppose pas que $f'(x)$ soit finie, mais seulement que $f'(x)$ soit toujours bien déterminée en grandeur et signe.

[2] *Annales de l'École Normale,* 1875.

[3] On me permettra de signaler qu'en 1903 on enseignait encore dans un lycée de Paris la définition critiquée dès 1875 par M. Darboux. Cela est d'autant plus étonnant que la propriété qui est énoncée dans la définition de Cauchy est celle

d'une valeur à une autre sans prendre, une fois au moins, chaque valeur intermédiaire. C'est le cas de la fonction égale à $\sin\dfrac{1}{x}$ pour $x \neq 0$ et à n'importe quelle valeur de l'intervalle $(-1, +1)$ pour $x = 0$.

Il est assez curieux qu'une fonction puisse jouir de cette propriété qui a été prise pour définition de la continuité et être cependant discontinue en tout point. Pour construire une telle fonction, j'écris le nombre x, pris entre 0 et 1, dans un système de numération, le système décimal par exemple :

$$x = \frac{a_1}{10} + \frac{a_2}{10^2} + \frac{a_3}{10^3} + \ldots.$$

Considérons la suite des chiffres de rang impair a_1, a_3, a_5, ... Si elle n'est pas périodique, nous prendrons $\varphi(x) = 0$; si elle est périodique, et si la première période commence à a_{2n-1}, nous prendrons

$$\varphi(x) = \frac{a_{2n}}{10} + \frac{a_{2n+2}}{10^2} + \frac{a_{2n+4}}{10^3} + \frac{a_{2n+6}}{10^4} + \ldots.$$

Il est évident que la fonction $\varphi(x)$ ainsi définie prend toutes les valeurs de $(0, 1)$ dans un intervalle quelconque si petit qu'il soit, donc $\varphi(x)$ est discontinue en tout point; d'ailleurs $\varphi(x)$ ne prend pas de valeurs extérieures à $(0, 1)$, donc $\varphi(x)$ ne passe pas d'une valeur a à une autre b sans prendre toutes les valeurs de $(0, 1)$, et, a fortiori, toutes les valeurs comprises entre a et b.

Il faut aussi remarquer que, avec la définition critiquée par M. Darboux, la somme de deux fonctions continues n'est plus nécessairement une fonction continue. En effet, si

$$f_1(x) = \sin\frac{1}{x} \qquad \text{pour} \qquad x \neq 0 \qquad \text{et} \qquad f_1(0) = 1,$$

el si

$$f_2(x) = -\sin\frac{1}{x} \qquad \text{pour} \qquad x \neq 0 \qquad \text{et} \qquad f_2(0) = 1,$$

les deux fonctions f_1 et f_2 ne peuvent passer d'une valeur à une

qui intervient directement dans presque toutes les démonstrations, tandis que la propriété des fonctions continues et dérivées n'est guère employée que dans le théorème des substitutions et ses conséquences.

autre sans prendre toutes les valeurs intermédiaires et il n'en est pas de même de $f_1 + f_2$, puisque

$$f_1 + f_2 = 0 \qquad \text{pour} \qquad x \neq 0 \qquad \text{et} \qquad f_1(0) + f_2(0) = 2.$$

La somme de deux fonctions dérivées étant une fonction dérivée, il y a lieu, d'après la remarque précédente, d'énoncer comme une propriété nouvelle ce fait que la somme de deux fonctions dérivées ne peut passer d'une valeur à une autre sans passer par toutes les valeurs intermédiaires. On peut dire aussi que la différence de deux fonctions dérivées ne peut changer de signe sans s'annuler, ce qui, si l'on songe à la représentation géométrique, peut s'énoncer ainsi : *Deux fonctions dérivées ne peuvent se traverser sans se rencontrer.*

Voici un exemple de l'application de cette propriété. Soit $\psi(x)$ une fonction égale à la fonction $\varphi(x)$, page 90, quand $\varphi(x)$ n'est pas égale à x, et égale à 0 quand $\varphi(x) = x$. $\psi(x)$, comme $\varphi(x)$, ne peut passer d'une valeur à une autre sans passer par toutes les valeurs intermédiaires, le premier théorème ne permet donc pas d'affirmer que $\psi(x)$ n'est pas une fonction dérivée ; mais, puisque $\psi(x)$ traverse la fonction continue x dans tout intervalle et ne la rencontre cependant que pour $x = 0$, la deuxième propriété montre que $\psi(x)$ n'est pas une dérivée.

Avant de rechercher si la fonction $\varphi(x)$ est une dérivée, je vais montrer comment un cas particulier important du théorème de Scheeffer se déduit immédiatement du théorème de M. Darboux.

Supposons que la dérivée d'une fonction $f(x)$ soit toujours bien déterminée en grandeur et signe (on ne suppose pas qu'elle soit finie), alors si elle n'est pas toujours égale à un nombre donné A, l'ensemble des valeurs de x pour lesquelles $f'(x)$ est différent de A a la puissance du continu. En effet, ou bien $f'(x)$ est constante et la propriété est démontrée, ou bien $f'(x)$ prend deux valeurs B et C, et alors elle prend aussi toutes les valeurs comprises entre B et C qui sont toutes, sauf une peut-être, différentes de A. L'ensemble de ces valeurs de $f'(x)$ différentes de A ayant la puissance du continu, il en est de même de l'ensemble des valeurs de x correspondantes.

Ceci posé, si $f(x)$ a toujours une dérivée, et si cette dérivée est nulle, sauf peut-être pour un ensemble dénombrable de valeurs de x, on peut affirmer qu'elle est toujours nulle. C'est le théorème de Scheeffer, dans un cas particulier.

Revenons à la fonction $\varphi(x)$. Est-elle une dérivée? Les deux théorèmes précédents ne semblent pas fournir facilement une réponse à cette question. Une première méthode consiste dans l'application d'un théorème démontré précédemment; une fonction dérivée bornée a le même maximum que l'on néglige ou non les ensembles de mesure nulle (^{1}). Il n'est pas difficile de démontrer que $\varphi(x)$ n'est différente de zéro que pour un ensemble de valeurs de x de mesure nulle (*voir* p. 109), $\varphi(x)$ n'est donc pas une fonction dérivée.

Ce résultat peut être obtenu d'une tout autre manière. *Une dérivée ne peut pas être discontinue en tout point,* et $\varphi(x)$ est discontinue en tout point.

Cette propriété des fonctions dérivées résulte d'un théorème dû à M. R. Baire. $f'(x)$ est la limite, pour $h = 0$, de la fonction $r[f(x), x, x+h]$ continue en x quand h est constant; c'est donc une *fonction de première classe,* c'est-à-dire une fonction limite de fonctions continues. Or M. Baire a démontré que si l'on considère une fonction de classe 1 sur un ensemble parfait quelconque, il existe des points où elle est continue sur cet ensemble parfait; en d'autres termes, elle est *ponctuellement discontinue sur tout ensemble parfait* (^{2}).

III. — *L'intégrale déduite des fonctions primitives.*

Dans beaucoup de cas nous savons, sans le secours de l'intégration, reconnaître si une fonction donnée est une dérivée et nous pouvons aussi espérer trouver sans intégration la fonction primitive d'une dérivée donnée. Précédemment nous résolvions ces questions en nous servant de l'intégrale définie; on peut se demander si, inversement, nous ne pourrions pas définir l'intégrale à l'aide des fonctions primitives. C'est la méthode de Duhamel et

---

(^{1}) Je rappelle que ce théorème a été obtenu sans l'emploi de l'intégration.

(^{2}) Cette condition est nécessaire et suffisante pour qu'une fonction soit de classe 1. Pour la démonstration *voir* la Thèse de M. Baire, citée page 79.

Serret (¹). Pour ces auteurs *une fonction f(x) a une intégrale dans (a, b) lorsqu'elle admet dans (a, b) une fonction primitive ℱ(x). Cette intégrale* I$_a^b$ *est, par définition*,

$$I_a^b f(x)\,dx = \mathcal{F}(b) - \mathcal{F}(a).$$

Cette définition n'est pas équivalente à la définition de Riemann. D'une part, il existe, nous le savons, des fonctions intégrables, au sens de Riemann, qui ne sont pas des fonctions dérivées; d'autre part, il existe, comme nous allons le voir, des fonctions dérivées non intégrables au sens de Riemann.

Le premier exemple de telles fonctions est dû à M. Volterra (*Giornale de Battaglini*, 1881); voici comment on l'obtient :

Soit E un ensemble parfait non dense qui ne soit pas un groupe intégrable, page 43. Soit (a, b) un intervalle contigu à E, considérons la fonction

$$\varphi(x, a) = (x - a)^2 \sin \frac{1}{x - a};$$

sa dérivée s'annule une infinité de fois entre a et b, soit $a + c$ la plus grande valeur de x non supérieure à $\dfrac{a+b}{2}$, qui annule φ'. Ceci posé, nous définissons une fonction F(x) par les conditions suivantes : elle est nulle aux points de E; dans tout intervalle (a, b) contigu à E, elle est égale à $\varphi(x, a)$ de a à $a + c$; de $a + c$ à $b - c$ la fonction F est constante et égale à $\varphi(a + c, a)$; de $b - c$ à b, F est égale à $- \varphi(x, b)$.

Cette fonction F(x) est évidemment continue. Elle a une dérivée; ceci est évident pour les points qui n'appartiennent pas à E; soit x_0 un point de E, le rapport $r[F(x), x_0, x_0 + h]$ est nul si $x_0 + h$ est point de E. Si $x_0 + h$ n'est pas point de E, il appartient à un intervalle contigu à E, soit α celle des extrémités de cet intervalle qui est dans $(x_0, x_0 + h)$; on a évidemment

$$|r[F(x), x_0, x_0 + h]| = \left| \frac{F(x_0 + h)}{h} \right| \leqq \frac{(x_0 + h - \alpha)^2}{|h|} \leqq |h|.$$

donc F(x) a une dérivée nulle en tous les points de E.

(¹) En réalité Duhamel et Serret ne considéraient guère que des fonctions continues. Pour ces fonctions, d'après ce qui précède, leur définition est équivalente à celle de Cauchy.

La dérivée F′ de F est bornée, car la dérivée de $x^2 \sin\frac{1}{x}$, qui est nulle pour $x = 0$, et qui, pour x différent de zéro, est égale à

$$2x \sin\frac{1}{x} - \cos\frac{1}{x},$$

est bornée. Cependant cette dérivée F′ n'est pas intégrable, au sens de Riemann, car en tous les points de E le maximum de F′ est $+1$ et son minimum est -1, puisqu'il en est ainsi pour $x = a$ et $\varphi'(x, a)$; or E par hypothèse n'est pas un groupe intégrable.

Par une application convenable du principe de la condensation des singularités, on obtient une fonction dérivée qui n'est intégrable dans aucun intervalle si petit qu'il soit ([1]).

La définition de Duhamel s'applique donc à des fonctions bornées auxquelles ne s'applique pas la définition de Riemann; de plus, la définition de Duhamel s'applique à des fonctions non bornées, car il existe des dérivées non bornées, mais toujours finies, la dérivée de $x^2 \sin\frac{1}{x^2}$, par exemple.

A la définition de Duhamel et Serret on peut appliquer la généralisation employée par Cauchy et Dirichlet. Je ne m'occuperai pas de cette généralisation ni, pour le moment du moins, de la suivante, qui contient comme cas particulier la définition de Riemann et celle de Duhamel pour les fonctions bornées : *Une fonction bornée $f(x)$ est dite* sommable, *s'il existe une fonction à nombres dérivés bornés* F(x) *telle que* F(x) *admette* $f(x)$ *pour dérivée, sauf pour un ensemble de valeurs de x de mesure nulle. L'intégrale dans* (a, b) *est alors, par définition,* F$(b) -$ F(a) ([2]).

Adoptons sans généralisation la définition de Duhamel et Serret. L'intégrale de Duhamel (intégrale D) jouit de certaines des propriétés de l'intégrale de Riemann.

([1]) M. Köpke a construit des fonctions dérivables à dérivées bornées s'annulant dans tout intervalle. Ces dérivées ne sont évidemment pas intégrables.

([2]) *Comparez* avec la page 83, où, dès que f est donnée, on sait en quels points on n'a pas nécessairement F′$(x) = f(x)$; ici, au contraire, on ne le sait pas.

Les différentes fonctions F(x) correspondant à une même fonction $f(x)$ ne diffèrent que par une constante additive.

On a

$$I_a^b + I_b^c + I_c^a = o.$$

La somme de deux fonctions intégrables D est intégrable D et a pour intégrale la somme des intégrales; mais le produit de deux fonctions intégrables D n'est pas nécessairement intégrable D ([1]).

Une série uniformément convergente de fonctions intégrables D est une fonction intégrable D et l'intégration peut être effectuée terme à terme; c'est la proposition de la page 85. De celle de la page 86 on déduit que si des fonctions intégrables D, $f_n(x)$, tendent en croissant vers une fonction intégrable D, $f(x)$, l'intégrale de f_n tend vers celle de f, en croissant s'il s'agit d'un intervalle d'intégration positif.

La proposition analogue pour les intégrales de Riemann est vraie. Nous calquerons la démonstration sur celle de la page 86.

Conservons les notations de cette page 86. f, u_1, u_2, ... sont maintenant des fonctions intégrables positives. $\bar{f}$, U_1, U_2, ... sont celles de leurs intégrales indéfinies qui s'annulent pour l'origine a de l'intervalle considéré.

On a évidemment $f \geqq s_n$, d'où $\bar{f} \geqq S_n$, et puisque les S_n croissent la série des U est convergente. L'accroissement de $\bar{f}$, dans un intervalle positif quelconque, est au moins égal à celui de S_n, donc à celui de F et F est à nombres dérivés bornés. Pour montrer que $F = \bar{f}$, il suffit de montrer que ces deux fonctions ont même dérivée partout, sauf pour un ensemble de valeurs de x de mesure nulle. En tout point où f, u_1, u_2, ... sont toutes continues, $\bar{f}$, U_1, U_2, ... ont des dérivées et le raisonnement de la page 87 montre qu'en ces points F a même dérivée que $\bar{f}$. Mais les points où f n'est pas continue forment un ensemble de mesure nulle $E(f)$, les points de discontinuité de u_i forment l'ensemble de mesure nulle $E(u_i)$; la réunion de tous ces ensembles donne un ensemble de mesure nulle E. Et l'on a $F' = \bar{f}'$, sauf peut-être aux points de E.

De là se déduit le théorème :

Lorsque des fonctions intégrables f_n tendent en croissant

---

[1] Par exemple le produit $x \left(x^2 \sin \dfrac{1}{x} \right)'$ n'est pas intégrable D.

vers une fonction intégrable f, l'intégrale de f_n tend vers celle de f (^{1}).

Nous devons nous demander maintenant quels services peuvent rendre les intégrales au sens de Duhamel et Serret.

Ces intégrales ne peuvent rendre aucun service dans la recherche des fonctions primitives, puisqu'elles supposent cette recherche effectuée, mais les intégrales au sens de Riemann servent surtout à calculer les limites de sommes.

Le raisonnement de la page 78 montre qu'une intégrale D est une limite de somme; on peut donc espérer se servir de ces intégrales pour le calcul des limites de somme. Nous avons vu, page 63, que cela était effectivement possible, puisqu'il a été démontré que la longueur d'une courbe était l'intégrale D de $\sqrt{x'^2 + y'^2 + z'^2}$, toutes les fois que cette intégrale existe (^{2}).

De nouvelles études sur l'intégrale sont cependant nécessaires, car nous n'avons pas encore résolu le problème de la recherche des fonctions primitives; d'ailleurs, pour le calcul de la longueur d'une courbe ayant des tangentes, l'une et l'autre intégration sont insuffisantes (^{3}).

(^{1}) On peut remarquer que cette propriété reste vraie s'il s'agit de fonctions intégrables d'après la généralisation indiquée page 94.

(^{2}) Je ne puis que signaler une autre application des intégrales D : lorsqu'une fonction dérivée bornée admet un développement trigonométrique, les coefficients de ce développement sont donnés par les formules connues d'Euler et Fourier, les intégrales qui figurent dans ces formules étant des intégrales D.

J'ajoute qu'il existe effectivement des fonctions dérivées bornées, non intégrables au sens de Riemann, qui admettent un développement trigonométrique. Pour la démonstration de ces propriétés, on pourra se reporter à un Mémoire *Sur les séries trigonométriques* que j'ai publié dans les *Annales de l'École Normale* (novembre 1903).

(^{3}) Il est facile de voir que $\sqrt{1 + \left(x^2 \sin \frac{1}{x}\right)'}$ n'est pas une dérivée exacte. On pourra pour le voir, soit développer ce radical en série de Laurent, soit utiliser les résultats qui seront obtenus plus loin. Partant de là, on démontrera sans peine que la quantité $\sqrt{1 + F'(x)^2}$, où F est la fonction à dérivée non intégrable de M. Volterra, n'est intégrable ni au sens de Riemann, ni au sens de Duhamel.

La courbe $y = F(x)$ ne peut donc être rectifiée ni par l'une, ni par l'autre des deux méthodes employées.

Pour l'application indiquée dans la Note précédente, les deux intégrations sont aussi insuffisantes, comme on le voit en considérant la somme d'une dérivée non intégrable représentable trigonométriquement, et d'une fonction non dérivée représentable trigonométriquement.

J'ajoute encore que si les deux intégrations que nous avons étudiées paraissent en général suffisantes, cela tient uniquement à ce que, presque toujours, on se restreint de parti pris à la considération des fonctions continues et même souvent à la considération des fonctions analytiques.

CHAPITRE VII.

1. — *Le problème d'intégration.*

Les applications classiques de l'intégration des fonctions continues, les applications faites précédemment de l'intégration au sens de Riemann ou au sens de Duhamel et Serret, suffisent pour mettre en évidence le rôle de certaines propriétés simples, conséquences de toutes les définitions de l'intégrale déjà étudiées, et pour convaincre que ces propriétés doivent nécessairement appartenir à l'intégrale, si l'on veut qu'il y ait quelque analogie entre cette intégrale et l'intégrale des fonctions continues.

C'est pourquoi *nous nous proposons d'attacher à toute fonction bornée* ([1]) $f(x)$, *définie dans un intervalle fini* (a, b), *positif, négatif ou nul, un nombre fini,* $\int_a^b f(x)\,dx$, *que nous appelons l'intégrale de* $f(x)$ *dans* (a, b) *et qui satisfait aux conditions suivantes :*

1. *Quels que soient a, b, h, on a*

$$\int_a^b f(x)\,dx = \int_{a+h}^{b+h} f(x-h)\,dx.$$

2. *Quels que soient a, b, c, on a*

$$\int_a^b f(x)\,dx + \int_b^c f(x)\,dx + \int_c^a f(x)\,dx = 0.$$

3.

$$\int_a^b [f(x) + \varphi(x)]\,dx = \int_a^b f(x)\,dx + \int_a^b \varphi(x)\,dx.$$

([1]) Le mot *bornée* est nécessaire si l'on veut que l'intégrale soit toujours *finie*.

4. *Si l'on a $f \geqq 0$ et $b > a$, on a aussi*

$$\int_a^b f(x)\, dx \geqq 0.$$

5. *On a*

$$\int_0^1 1 \times dx = 1.$$

6. *Si $f_n(x)$ tend en croissant vers $f(x)$, l'intégrale de $f_n(x)$ tend vers celle de $f(x)$.*

La signification, la nécessité et les conséquences des cinq premières conditions de ce *problème d'intégration* sont à peu près évidentes; nous ne nous y étendrons pas.

La condition 6 a une place à part. Elle n'a ni le même caractère de simplicité que les cinq premières ni le même caractère de nécessité ([1]). De plus, tandis qu'il est facile de construire des nombres satisfaisant à quatre quelconques des cinq premières conditions, sans satisfaire à toutes les cinq, ce qui montre que ces cinq conditions sont indépendantes, on ne sait pas si les six conditions du problème d'intégration sont indépendantes ou non ([2]).

En énonçant les six conditions du problème d'intégration, nous définissons l'intégrale. Cette définition appartient à la classe de celles que l'on peut appeler *descriptives;* dans ces définitions, on énonce des propriétés caractéristiques de l'être que l'on veut définir. Dans les définitions *constructives,* on énonce quelles opérations il faut faire pour obtenir l'être que l'on veut définir. Ce sont les définitions constructives qui sont le plus souvent employées en Analyse; cependant on se sert parfois de définitions descriptives ([3]); la définition de l'intégrale, d'après Riemann, est

---

([1]) Elle paraît si peu nécessaire qu'elle est généralement inconnue, même pour le cas où f et f_n sont intégrables au sens de Riemann ou mêmes continues. Il se pourrait d'ailleurs que certaines de ses conséquences aient, au contraire, un très grand caractère de nécessité.

([2]) La réponse à cette question importe peu pour les applications, mais elle présente un intérêt au point de vue des principes. S'il était démontré que cette sixième condition est indépendante des cinq autres, il y aurait lieu de chercher à la remplacer par une sixième plus simple et surtout de rechercher si, parmi les systèmes de nombres qui satisfont seulement aux cinq premières conditions, il n'y en a pas d'aussi utiles que celui qui va être étudié.

([3]) L'emploi de ces définitions descriptives est indispensable pour les premiers .

constructive, la définition des fonctions primitives est descriptive.

Lorsque l'on a énoncé une définition constructive, il faut démontrer que les opérations indiquées dans cette définition sont possibles; une définition descriptive est aussi assujettie à certaines conditions : il faut que les conditions énoncées soient compatibles ([1]). Le procédé jusqu'ici toujours employé pour démontrer que des conditions sont compatibles est le suivant : on choisit dans une classe d'êtres antérieurement définis des êtres jouissant de toutes les propriétés énoncées. Cette classe d'êtres est généralement la classe des nombres entiers ([2]); on admet que la définition descriptive de ces nombres ne contient pas de contradiction.

Il faut aussi étudier la nature de l'indétermination des êtres que l'on vient de définir. Supposons, par exemple, que l'on ait démontré l'impossibilité de l'existence de deux classes différentes d'êtres satisfaisant aux conditions indiquées, et que, de plus, on ait démontré la compatibilité de ces conditions en choisissant une classe d'êtres y satisfaisant; cette classe d'êtres sera la seule définie, de sorte que la définition constructive qui a servi à effectuer le choix est exactement équivalente à la définition descriptive donnée.

Nous allons rechercher une définition constructive équivalente à la définition descriptive de l'intégrale ([3]).

On démontrera d'abord sans peine en s'appuyant sur les conditions 3 et 4 que l'on a la *condition* S

$$(S) \qquad \int_a^b k f(x)\, dx = k \int_a^b f(x)\, dx,$$

---

termes d'une science quand on veut construire cette science d'une façon purement logique et abstraite. *Voir* la Thèse de M. J. Drach (*Annales de l'École Normale*, 1898) et le Mémoire de M. Hilbert sur les fondements de la Géométrie (*Annales de l'École Normale*, 1900).

([1]) C'est-à-dire qu'aucune de leurs conséquences ne soit de la forme : A est non A. Il y a lieu aussi, comme je l'ai déjà dit, de rechercher si les conditions sont indépendantes.

([2]) *Voir* le Mémoire déjà cité de M. Hilbert. C'est parce que l'on peut démontrer la compatibilité des conditions énoncées dans les définitions descriptives des premiers termes de la Géométrie à l'aide du système des nombres entiers qu'il est légitime de dire que la Géométrie peut être tout entière construite à partir de l'idée de nombre.

([3]) En se plaçant au même point de vue, on peut dire que les travaux exposés dans cet Ouvrage ont pour but principal la recherche d'une définition constructive équivalente à la définition descriptive des fonctions primitives.

lorsque k est une constante. Ceci posé, soit $f(x)$ une fonction quelconque, nous désignerons par $E[\alpha < f(x) < \beta]$ l'ensemble des valeurs de x pour lesquelles on a $\alpha < f(x) < \beta$, et par $E[f(x) = \alpha]$ l'ensemble des valeurs de x pour lesquelles on a $f(x) = \alpha$.

Soit (l, L) l'intervalle de variation de $f(x)$ [1]; partageons cet intervalle en intervalles partiels à l'aide des nombres

$$l_0 = l < l_1 < l_2 < \ldots < l_n = L,$$

supposons que $l_{i+1} - l_i$ ne soit jamais supérieur à ε.

Désignons par $\psi_i (i = 0, 1, 2, \ldots, n)$ la fonction égale à 1 quand x appartient à $E[f(x) = l_i]$, ou à $E[l_i < f(x) < l_{i+1}]$, et nulle pour les autres points; désignons par $\Psi_i (i = 0, 1, \ldots, n)$ la fonction égale à 1 quand x appartient à $E[l_{i-1} < f(x) < l_i]$, ou à $E[f(x) = l_i]$ et nulle pour les autres points. On a évidemment

$$\varphi(x) = \sum_{i=0}^{i=n} l_i \psi_i(x) \leqq f(x) \leqq \sum_{i=0}^{i=n} l_i \Psi_i(x) = \Phi(x).$$

Lorsque nous saurons intégrer les fonctions ψ qui ne prennent que les valeurs 0 et 1, nous en déduirons, grâce aux conditions 3 et 5, les intégrales des $\varphi(x)$ et $\Phi(x)$, lesquelles comprennent l'intégrale de $f(x)$ (conditions 3, 4) [2].

De plus $\varphi(x)$ et $\Phi(x)$ diffèrent de $f(x)$ de ε au plus, donc tendent uniformément vers $f(x)$ quand ε tend vers zéro; il est facile d'en conclure que leurs intégrales tendent vers celle de $f(x)$.

En effet, si les limites inférieure et supérieure de $g(x)$ sont l et L, d'après 3 et 4, $\int_a^b g(x)\,dx$ est comprise entre

$$\int_a^b l\,dx = l\int_a^b dx \quad \text{et} \quad \int_a^b L\,dx = L\int_a^b dx;$$

faisons maintenant

$$g(x) = f(x) - \varphi(x),$$

on a

$$\varepsilon \geqq L \geqq l \geqq 0,$$

---

[1] En d'autres termes, l et L sont les limites inférieure et supérieure de $f(x)$.
[2] On suppose ici, pour quelques instants, le problème d'intégration possible.

donc l'intégrale de $g(x)$ est inférieure en module à $\varepsilon \int_a^b dx$, quantité qui tend vers zéro avec ε.

Pour savoir calculer l'intégrale d'une fonction quelconque, il suffit de savoir calculer les intégrales des fonctions ψ qui ne prennent que les valeurs o et 1.

Il faut remarquer que nous avons démontré incidemment la possibilité d'intégrer terme à terme les séries uniformément convergentes, si le problème d'intégration est possible.

La quantité $\int_a^b dx$ qui figure dans la démonstration précédente se calcule facilement; en se servant de 1, de 2 et de 5, on voit qu'elle est égale à $b - a$.

Si la fonction $f(x)$ est comprise entre l et L, son intégrale dans (a, b) est comprise entre $l(b - a)$ et $L(b - a)$; c'est le théorème de la moyenne.

Si nous appliquons ce théorème après avoir décomposé (a, b) en intervalles partiels, nous trouvons que $\int_a^b f(x)\,dx$ est comprise entre les sommes qui servent à définir les intégrales par défaut et par excès; *l'intégrale est donc comprise entre les intégrales par défaut et par excès.* En particulier, si le problème d'intégration est possible, pour les fonctions intégrables au sens de Riemann, il n'admet pas d'autre solution que l'intégrale de Riemann.

II. — *La mesure des ensembles.*

Occupons-nous maintenant des fonctions ψ qui ne prennent que les valeurs o et 1. Une telle fonction est entièrement définie par l'ensemble $E[\psi(x) = 1]$ des valeurs où elle est différente de o; l'intégrale d'une telle fonction, dans un intervalle positif, est un nombre positif ou nul qu'on peut considérer comme attaché à la partie de l'ensemble $E[\psi(x) = 1]$ comprise dans l'intervalle d'intégration. Si l'on traduit en langage géométrique les conditions du problème d'intégration des fonctions ψ, on a un nouveau problème, *le problème de la mesure des ensembles.*

Pour l'énoncer, je rappelle que deux ensembles de points sur une droite sont dits *égaux* si, par le déplacement de l'un d'eux, on peut les faire coïncider, qu'un ensemble E est dit *la somme des ensembles e* si tout point de E appartient à l'un *au moins* des e (¹). Voici la question à résoudre :

Nous nous proposons d'attacher à chaque ensemble E *borné, formé de points de ox, un nombre positif ou nul,* m(E), *que nous appelons* la mesure de E *et qui satisfait aux conditions suivantes* :

1′. *Deux ensembles égaux ont même mesure;*

2′. *L'ensemble somme d'un nombre fini ou d'une infinité dénombrable d'ensembles, sans point commun deux à deux, a pour mesure la somme des mesures;*

3′. *La mesure de l'ensemble de tous les points de* (o, 1) *est* 1.

La condition 3′ remplace la condition 5; la condition 2′ provient de l'application des conditions 3 et 6 à la série

$$\psi = \psi_1 + \psi_2 + \ldots,$$

dans laquelle tous les termes et la somme sont des fonctions ψ; quant à la condition 1′ c'est la condition 1. Une explication est cependant nécessaire; il y a deux espèces d'ensembles égaux : ceux que l'on peut faire coïncider par un glissement de ox et ceux que l'on peut faire coïncider par une rotation de π autour d'un point de ox; c'est aux premiers seulement que s'applique la condition 1′. Je n'ai pas mis cette restriction dans l'énoncé parce que, dans les raisonnements suivants, on peut s'astreindre à ne pas employer d'autres déplacements que des glissements et cependant on obtiendra toujours pour deux ensembles égaux de l'une ou l'autre manière des mesures égales (²).

Une conséquence simple des conditions 1′, 2′, 3′ est que tout

(¹) Avec notre définition les e peuvent donc avoir des points communs.
(²) Toutes les conditions du problème d'intégration pour les fonctions ψ sont exprimées; mais on pourrait craindre que cela ne suffise pas pour que les intégrales des fonctions quelconques, qui sont déterminées dès que les intégrales des fonctions ψ le sont, satisfassent aussi à ces conditions. Ce qui suit montre que ces craintes ne sont pas justifiées.
On pourrait le démontrer dès à présent, sans se servir de la valeur de l'intégrale des fonctions ψ, et l'on pourrait aussi démontrer que, si l'on supprime les

intervalle positif (a, b) a pour mesure sa longueur $b - a$, que les extrémités fassent ou non partie de l'intervalle ([1]).

Si l'on se reporte au Chapitre III, on voit immédiatement que, si le problème de la mesure est possible, on a

$$e_i(\mathrm{E}) \leqq m(\mathrm{E}) \leqq e_e(\mathrm{E});$$

pour les ensembles mesurables J le problème de la mesure est possible au plus d'une manière et la mesure est l'étendue au sens de M. Jordan.

Soit maintenant un ensemble quelconque E, nous pouvons enfermer ses points dans un nombre fini *ou une infinité dénombrable* d'intervalles; la mesure de l'ensemble des points de ces intervalles est, d'après 2′, la somme des longueurs des intervalles; cette somme est une limite supérieure de la mesure de E. L'ensemble de ces sommes a une limite inférieure $m_e(\mathrm{E})$, la *mesure extérieure* de E, et l'on a évidemment

$$m(\mathrm{E}) \leqq m_e(\mathrm{E}) \leqq e_e(\mathrm{E}).$$

Soit $\mathrm{C_{AB}}(\mathrm{E})$ le complémentaire de E par rapport à AB, c'est-à-dire l'ensemble des points ne faisant pas partie de E et faisant partie d'un segment AB de ox contenant E. On doit avoir

$$m(\mathrm{E}) + m[\mathrm{C_{AB}}(\mathrm{E})] = m(\mathrm{AB}),$$

donc

$$m(\mathrm{E}) = m(\mathrm{AB}) - m[\mathrm{C_{AB}}(\mathrm{E})] \geqq m(\mathrm{AB}) - m_e[\mathrm{C_{AB}}(\mathrm{E})];$$

la limite inférieure ainsi trouvée pour $m(\mathrm{E})$, limite qui est nécessairement positive ou nulle, s'appelle la *mesure intérieure* de E, $m_i(\mathrm{E})$; elle est évidemment supérieure ou au moins égale à l'étendue intérieure de E.

Pour comparer les deux nombres m_e, m_i, nous nous servirons d'un théorème dû à M. Borel :

Si l'on a une famille d'intervalles Δ tels que tout point d'un intervalle (a, b), y compris a et b, soit intérieur à l'un au moins

---

mots *ou d'une infinité dénombrable* dans 2′, on a un nouveau problème de la mesure qui correspond complètement au problème d'intégration posé avec les conditions 1, 2, 3, 4, 5 sans la condition 6.

([1]) Ceci a été déjà exprimé par l'égalité $\displaystyle\int_a^b dx = b - a$.

des Δ, *il existe une famille formée d'un nombre* fini *des intervalles* Δ *et qui jouit de la même propriété* [*tout point de* (a, b) *est intérieur à l'un d'eux*].

Soit (α, β) l'un des intervalles Δ contenant a, la propriété à démontrer est évidente pour l'intervalle (a, x), si x est compris entre α et β; je veux dire que cet intervalle peut être couvert à l'aide d'un nombre fini d'intervalles Δ, ce que j'exprime en disant que le point x est atteint. Il faut démontrer que b est atteint. Si x est atteint, tous les points de (a, x) le sont; si x n'est pas atteint aucun des points de (x, b) ne l'est. Il y a donc, si b n'est pas atteint, un premier point non atteint, ou un dernier point atteint; soit x_0 ce point. Il est intérieur à un intervalle Δ, (α_1, β_1). Soient x_1 un point de (α_1, x), x_2 un point de (x, β_1); x_1 est atteint par hypothèse, les intervalles Δ en nombre fini qui servent à l'atteindre, plus l'intervalle (α_1, β_1) permettent d'atteindre $x_2 > x_0$; x_0 n'est ni le dernier point atteint, ni le dernier non atteint; donc b est atteint (¹).

Du théorème de M. Borel il résulte que *si l'on a couvert tout un intervalle* (a, b) *à l'aide d'une infinité dénombrable d'intervalles* Δ, *la somme des longueurs de ces intervalles est au moins égale à la longueur de l'intervalle* (a, b) (²). En effet,

---

(¹) M. Borel a donné, dans sa Thèse et dans ses *Leçons sur la théorie des fonctions,* deux démonstrations de ce théorème. Ces démonstrations supposent essentiellement que l'ensemble des intervalles Δ est dénombrable; cela suffit dans quelques applications; il y a cependant intérêt à démontrer le théorème du texte. Par exemple, pour les applications que j'ai faites dans ma Thèse du théorème de M. Borel, il était nécessaire qu'il soit démontré pour un ensemble d'intervalles Δ ayant la puissance du continu.

On a déduit du théorème, tel qu'il est énoncé dans le texte, une jolie démonstration de l'uniformité de la continuité.

Soit $f(x)$ une fonction continue en tous les points de (a, b), y compris a et b: chaque point de (a, b) est, par définition, intérieur à un intervalle Δ dans lequel l'oscillation de $f(x)$ est inférieure à ε. A l'aide d'un nombre fini d'entre eux, on peut couvrir (a, b); soit l la longueur du plus petit intervalle Δ employé, dans tout intervalle de longueur l l'oscillation de f est au plus 2ε, car un tel intervalle empiète sur deux intervalles Δ au plus; la continuité est uniforme.

Cette application du théorème complété fait bien comprendre, il me semble, tout l'usage qu'on en peut faire dans la théorie des fonctions.

(²) Si, comme je le suppose dans la démonstration, on admet que tout point de (a, b) est *intérieur* à l'un des Δ, on peut remplacer *au moins égale* par *supérieure.*

on peut aussi couvrir (a, b) à l'aide d'un nombre fini des intervalles Δ et le théorème, étant évidemment vrai quand on ne considère que ces intervalles en nombre fini, l'est *a fortiori* quand on considère tous les intervalles Δ.

Reprenons maintenant l'ensemble E et son complémentaire $C_{AB}(E)$. Enfermons le premier dans une infinité dénombrable d'intervalles α, le second dans les intervalles β, on a

$$m(\alpha) + m(\beta) \geqq m(AB),$$

puisque AB est couvert par les intervalles α et β. De là, on déduit

$$m_e(E) + m_e[C_{AB}(E)] \geqq m(AB),$$
$$m_e(E) \geqq m(AB) - m_e[C_{AB}(E)],$$
$$m_e(E) \geqq m_i(E).$$

La mesure intérieure n'est jamais supérieure à la mesure extérieure.

Les ensembles dont les deux mesures extérieure et intérieure sont égales sont dits *mesurables* et leur mesure est la valeur commune des m_e et m_i ([1]). Il reste à rechercher si cette mesure satisfait bien aux conditions 1', 2', 3'. Cela est évident pour 1' et 3', reste à étudier la condition 2' ([2]).

([1]) C'est seulement pour ces ensembles que nous étudierons le problème de la mesure. Je ne sais pas si l'on peut définir, ni même s'il existe d'autres ensembles que les ensembles mesurables ; s'il en existe, ce qui est dit dans le texte ne suffit pas pour affirmer ni que le problème de la mesure est possible, ni qu'il est impossible pour ces ensembles.

([2]) La définition géométrique de la mesure permet non seulement de comparer deux ensembles égaux, mais aussi deux ensembles semblables. Le rapport des mesures de deux ensembles semblables de rapport k est $|k|$. C'est une condition qu'on aurait pu s'imposer *a priori*; il lui correspond pour le problème d'intégration la condition S_1

$$(S_1) \qquad \int_a^b f(x)\,dx = k \int_{\frac{a}{k}}^{\frac{b}{k}} f(kx)\,dx.$$

Les conditions S (p. 100) et S_1 constituent ce qu'on peut appeler *la condition de similitude*, elles font connaître ce que devient une intégrale par les transformations

$$x_1 = kx, \qquad f_1(x) = kf(x).$$

Peut-être pourrait-on remplacer la condition 6 par des conditions de cette nature.

Soient E_1, E_2, ... des ensembles mesurables, en nombre fini ou dénombrable, n'ayant deux à deux aucun point commun, et soit E l'ensemble somme.

On peut enfermer E_i dans une infinité dénombrable d'intervalles α_i et $C_{AB}(E_i)$ dans les intervalles β_i de manière que la mesure des parties communes aux α_i et β_i soit égale à ε_i; les ε_i étant des nombres positifs choisis de manière que la série $\Sigma \varepsilon_i$ soit convergente et de somme ε.

Soient α'_2, β'_2 les parties des α_2 et β_2 qui sont contenues dans les intervalles β_1, soient α'_3, β'_3 les parties des α_3, β_3 qui sont contenues dans les β'_2 et ainsi de suite. E_i est enfermé dans α'_i. E est donc enfermé dans $\alpha_1 + \alpha'_2 + ...$, sa mesure extérieure est donc au plus égale à la somme $m(\alpha_1) + m(\alpha'_2) + m(\alpha'_3) + ... = s$; évaluons cette somme. On a évidemment

$$m(\alpha_1) + m(\beta_1) = m(AB) + \varepsilon_1,$$
$$m(\alpha'_i) + m(\beta'_i) \leq m(\beta'_{i-1}) + \varepsilon_i,$$

et ceci suffit pour montrer que la série s est convergente; d'ailleurs on a

$$m(E_i) \leq m(\alpha'_i) \leq m(\alpha_i) \leq m(E_i) + \varepsilon_i,$$

donc s est comprise entre $\Sigma m(E_i)$ et $\Sigma m(E_i) + \varepsilon$. Cela donne

$$m_e(E) \leq \Sigma m(E_i).$$

Le complémentaire de E, $C_{AB}(E)$, peut être enfermé dans β'_i; or β'_i a, en commun avec $\alpha_1 + \alpha'_2 + \alpha'_3 + ...$, les intervalles $\alpha'_{i+1} + \alpha'_{i+2} + ...$, plus une partie des intervalles communs à α_1, β_1, une partie de ceux communs à α_2, β_2, ..., une partie de ceux communs à α_i, β_i. β'_i a donc une mesure au plus égale à

$$[m(AB) - s] + \varepsilon_1 + \varepsilon_2 + ... + \varepsilon_i + m(\alpha'_{i+1}) + m(\alpha'_{i+2}) + ...,$$

et, par suite,

$$m_e[C_{AB}(E)] \leq m(AB) - \Sigma m(E_i),$$

c'est-à-dire

$$m_i(E) \geq \Sigma m(E_i).$$

L'ensemble E est donc mesurable et de mesure $\Sigma m(E_i)$, la condition $2'$ est bien vérifiée.

L'ensemble des ensembles mesurables contient l'ensemble des

ensembles mesurables J, mais il est beaucoup plus vaste, comme on va le voir. On peut en effet, sans sortir de l'ensemble des ensembles mesurables, effectuer sur des ensembles mesurables les deux opérations suivantes :

I. Faire la somme d'une infinité dénombrable d'ensembles;

II. Prendre la partie commune à tous les ensembles d'une famille contenant un nombre fini ou une infinité dénombrable d'ensembles.

Pour le démontrer, remarquons d'abord que la seconde opération ne diffère pas essentiellement de la première, car si E est la partie commune à E_1, E_2, ..., $C(E)$ est la somme de $C(E_1)$, $C(E_2)$, ... Il suffit donc de s'occuper de la première; soit

$$E = E_1 + E_2 + E_3 + \dots$$

Si E_i' est l'ensemble des points de E_i ne faisant pas partie de $E_1 + E_2 + \dots + E_{i-1}$, on a

$$E = E_1 + E_2' + \dots$$

les termes de la somme étant sans point commun deux à deux. Or, il est facile de voir que E_2' est mesurable; en effet, enfermons E_1 dans les intervalles α_1, $C(E_1)$ dans les intervalles β_1, E_2 dans α_2, $C(E_2)$ dans β_2 et soient ε_1 et ε_2 les longueurs des parties communes aux α_1 et β_1 d'une part, aux α_2 et β_2 d'autre part. Si α_2' et β_2' sont les parties des α_2 et β_2 communes aux β_1, E_2' peut être enfermé dans α_2' et $C(E_2')$ dans $\alpha_1 + \beta_2'$ et les parties communes à ces deux systèmes d'intervalles ont une mesure au plus égale à $\varepsilon_1 + \varepsilon_2$, donc E_2' est mesurable. De là résulte que

$$E_1 + E_2 = E_1 + E_2'$$

est mesurable, donc que E_3', partie de E_3 n'appartenant pas à l'ensemble mesurable $E_1 + E_2$, est mesurable et ainsi de suite. Tous les E_i' sont mesurables, E l'est ([1]).

Un intervalle étant un ensemble mesurable, en appliquant les

---

[1] Si E_1 contient E_2, on peut parler de leur différence $E_1 - E_2$. Cette différence est mesurable si E_1 et E_2 le sont, car elle est la partie commune à E_1 et $C(E_2)$.

opérations I et II un nombre fini de fois à partir d'intervalles nous obtenons des ensembles mesurables ; ce sont ceux-là que M. Borel avait nommés *ensembles mesurables*, appelons-les *ensembles mesurables* B. Ce sont les plus importants des ensembles mesurables ; tandis que, pour un ensemble quelconque, nous pouvons seulement affirmer l'existence des deux nombres m_e, m_i, sans pouvoir dire quelle suite d'opérations il faut effectuer pour les calculer, il est facile d'avoir la mesure d'un ensemble mesurable B en suivant pas à pas la construction de cet ensemble. On se servira de la propriété α' toutes les fois qu'on utilisera l'opération I ; quand on se servira de l'opération II, on emploiera un théorème dont la démonstration est immédiate :

La mesure de la partie commune à des ensembles E_1, E_2, .. *est la limite de* $m(E_i)$ *si chaque ensemble* E_i *contient tous ceux d'indice plus grand* (¹).

Les ensembles fermés sont mesurables B parce qu'ils sont les complémentaires d'ensembles formés des points intérieurs à un nombre fini ou à une infinité dénombrable d'intervalles. Soit E un tel ensemble, la mesure de son complémentaire est évidemment l'étendue intérieure de ce complémentaire, donc la mesure d'un ensemble fermé est son étendue extérieure. De là découle la propriété qui nous a servi : un ensemble fermé de mesure nulle est un groupe intégrable (p. 29).

Comme application de ces considérations théoriques, calculons la mesure de l'ensemble E des points de (o, 1) tels que la suite de leurs chiffres décimaux de rang impair soit périodique (p. 92). Soit

$$x = \frac{a_1}{10} + \frac{a_2}{10^2} + \frac{a_3}{10^3} + \ldots$$

(¹) L'ensemble des ensembles mesurables B a la puissance du continu, il existe donc d'autres ensembles mesurables que les ensembles mesurables B ; mais cela ne veut pas dire qu'il soit possible de définir un ensemble non mesurable B, c'est-à-dire de prononcer un nombre fini de mots caractérisant un et un seul ensemble non mesurable B. Nous ne rencontrerons jamais que des ensembles mesurables B.

M. Borel avait indiqué (note 1, page 48 des *Leçons sur la théorie des fonctions*) les principes qui nous ont guidés dans la théorie de la mesure.

un tel nombre, écrivons-le

$$x = y + \frac{a_2}{10^2} + \frac{a_4}{10^4} + \frac{a_6}{10^6} + \ldots = y + z.$$

y est rationnel, l'ensemble des nombres y est dénombrable. A chaque nombre rationnel y correspond un ensemble de nombres x ayant même mesure que l'ensemble des nombres z dont les chiffres de rang impair sont nuls. Pour démontrer que E est mesurable et de mesure nulle, il suffit donc de démontrer que l'ensemble des nombres z jouit de cette propriété. Or cet ensemble s'obtient en enlevant de $(o, 1)$ l'intervalle $\left(\frac{1}{10}, 1\right)$, puis de $\left(o, \frac{1}{10}\right)$ les intervalles $\left(\frac{p}{10^2} + \frac{1}{10^3}, \frac{p+1}{10^2}\right)$, où p est un entier inférieur à 10, puis de chaque intervalle restant $\left(\frac{p}{10^2}, \frac{p}{10^2} + \frac{1}{10^3}\right)$ les intervalles $\left(\frac{p}{10^2} + \frac{q}{10^4} + \frac{1}{10^5}, \frac{p}{10^2} + \frac{q+1}{10^4}\right)$, et ainsi de suite. A chaque opération nous enlevons les $\frac{9}{10}$ des intervalles qui restent. L'ensemble des z est donc mesurable B et de mesure nulle.

III. — *Les fonctions mesurables.*

Pour que les considérations précédentes nous permettent d'attacher une intégrale à une fonction $f(x)$, il faut que, si petit que soit ε, nous puissions trouver les nombres l_i (p. 101) tels que, ou les fonctions ψ_i correspondantes, ou les Ψ_i, soient associées à des ensembles mesurables. Supposons que les ensembles correspondant aux ψ_i soient mesurables, et soient α et β deux nombres quelconques. A un nombre ε correspond un certain système de nombres l_i; soit l_p le plus petit de ceux qui sont compris entre α et β et l_{p+q} le plus grand. L'ensemble

$$E(\psi_p = 1) + E(\psi_{p+1} = 1) + \ldots + E(\psi_{p+q} = 1) = E(\varepsilon)$$

est mesurable; or quand on donne à ε une suite de valeurs décroissantes tendant vers zéro $\varepsilon_1, \varepsilon_2, \ldots$, on a

$$E[\alpha < f(x) < \beta] = E(\varepsilon_1) + E(\varepsilon_2) + \ldots,$$

donc $E[\alpha < f(x) > \beta]$ est mesurable.

Nous dirons qu'une fonction bornée ou non est mesurable si, quels que soient α et β, l'ensemble $E[\alpha < f(x) < \beta]$ *est mesurable.* Lorsqu'il en est ainsi l'ensemble $E[f(x) = \alpha]$ est aussi mesurable, car il est la partie commune aux ensembles $E[\alpha - h < f(x) < \alpha + h]$ quand h tend vers zéro. On verrait aussi que, pour qu'une fonction soit mesurable, il faut et il suffit que l'ensemble $E[\alpha < f(x)]$ soit mesurable, quel que soit α.

La somme de deux fonctions mesurables est une fonction mesurable. Soient les deux fonctions mesurables f_1 et f_2; à tout nombre ε faisons correspondre une division de leur intervalle de variation, fini ou non, à l'aide de nombres l_i, tels que $l_{i+1} - l_i$ soit au plus égale à ε, et considérons les ensembles E_{ij} de valeurs de x, tels que l'on ait

$$l_i < f_1(x), \qquad l_j < f_2(x), \qquad l_i + l_j > \alpha.$$

La somme $E(\varepsilon)$ des ensembles E_{ij} est mesurable, puisque chacun d'eux l'est; et si l'on donne à ε des valeurs ε_i tendant vers zéro, on a

$$E[\alpha < f_1 + f_2] = E(\varepsilon_1) + E(\varepsilon_2) + \ldots,$$

donc $f_1 + f_2$ est une fonction mesurable.

On démontrerait de même que l'on peut effectuer, sur des fonctions mesurables, toutes les opérations dont il a été parlé au sujet des fonctions intégrables (p. 30) sans cesser d'obtenir des fonctions mesurables. Mais il y a plus : *la limite d'une suite convergente de fonctions mesurables est une fonction mesurable;* si f_n tend vers f, l'ensemble $E[f(x) > \alpha]$ est la somme des ensembles E_n, E_n étant la partie commune aux ensembles $E[f_n(x) > \alpha]$, $E[f_{n+1}(x) > \alpha]$, ..., et tous ces ensembles sont mesurables si les fonctions f_n sont mesurables.

Appliquons ces résultats; les deux fonctions $f = \text{const.}$, $f = x$ sont évidemment mesurables, donc tout polynome est mesurable. Toute fonction limite de polynomes est aussi mesurable : donc, d'après un théorème de Weierstrass, toute fonction continue est mesurable. Les fonctions discontinues limites de fonctions continues, que M. Baire appelle *fonctions de première classe,* sont mesurables. Les fonctions qui ne sont pas de première classe et qui sont limites de fonctions de première classe (M. Baire les appelle *fonctions de seconde classe*) sont des fonctions mesurables.

Remarquons encore que les fonctions ainsi formées de proche en proche sont mesurables B, c'est-à-dire que les ensembles qui leur correspondent sont mesurables B; ce sont ces fonctions que nous rencontrerons uniquement ([1]).

On peut souvent démontrer qu'une fonction est mesurable en se servant de la propriété suivante : si en faisant abstraction d'un ensemble de valeurs de x de mesure nulle, la fonction $f(x)$ est continue, elle est mesurable. Car les points limites de l'ensemble $E[\alpha \leqq f(x)]$ qui ne font pas partie de cet ensemble font nécessairement partie de l'ensemble de mesure nulle négligé, donc ils forment un ensemble de mesure nulle. L'ensemble $E[\alpha \leqq f(x)]$, étant fermé à un ensemble de mesure nulle près, est mesurable. On voit ainsi, en particulier, que toute fonction intégrable au sens de Riemann est mesurable; on voit aussi que la fonction $\chi(x)$ de Dirichlet, qui est non intégrable, est mesurable.

IV. — *Définition analytique de l'intégrale.*

Définissons maintenant l'intégrale d'une fonction mesurable bornée en supposant l'intervalle d'intégration (a, b) positif. Nous savons que, s'il s'agit d'une fonction ψ, cette intégrale est

$$m[E(\psi = 1)].$$

et que, s'il s'agit d'une fonction $f(x)$ quelconque, l'intégrale doit être la limite commune des intégrales de σ et Φ (p. 101) quand le maximum de $l_{i+1} - l_i$ tend vers zéro. D'après les conditions du problème d'intégration, ces intégrales sont

$$\sigma = \sum_{i=0}^{i=n} l_i (m\{E[f(x) = l_i]\} + m\{E[l_i < f(x) < l_{i+1}]\}),$$

$$\Sigma = \sum_{i=1}^{i=n} l_i (m\{E[l_{i-1} < f(x) < l_i]\} + m\{E[f(x) = l_i]\}).$$

([1]) Je ne sais pas s'il est possible de nommer *une* fonction non mesurable B je ne sais pas s'il existe des fonctions non mesurables.

Nous savons déjà que ces deux nombres diffèrent de moins de $\varepsilon(b-a)$ parce que $\Phi-\varphi$ est inférieure à ε. Si nous faisons tendre ε vers zéro, en intercalant entre les l_i de nouveaux nombres, alors σ croît, Σ décroît, $\Sigma-\sigma$ tend vers zéro; donc σ et Σ ont une même limite.

Soient $\sigma_1, \Sigma_1; \sigma_2, \Sigma_2; \ldots$ les sommes obtenues par ce procédé; soient $\sigma'_1, \Sigma'_1; \sigma'_2, \Sigma'_2; \ldots$ les sommes obtenues en faisant tendre ε vers zéro d'une autre manière ([1]): soient σ''_1, Σ''_1 les sommes obtenues en réunissant les nombres l_i donnant σ_1, Σ_1 et σ'_1, Σ'_1; soient σ''_2, Σ''_2 celles obtenues en réunissant les l_i donnant σ_2, Σ_2; $\sigma'_1, \Sigma'_1; \sigma'_2, \Sigma'_2;$ et ainsi de suite. On a évidemment

$$\sigma_i \leqq \sigma''_i \leqq \Sigma''_i \leqq \Sigma_i,$$
$$\sigma'_i \leqq \sigma''_i \leqq \Sigma''_i \leqq \Sigma'_i;$$

la seconde de ces inégalités montre que σ'_i et Σ'_i ont la même limite que σ''_i et Σ''_i, car nous savons que σ''_i et Σ''_i ont une limite et que $\Sigma'_i - \sigma'_i$ tend vers zéro. La première montre que cette limite est aussi celle de σ_i et Σ_i.

La valeur de l'intégrale est donc indépendante de la manière dont le maximum de $l_{i+1}-l_i$ tend vers zéro.

Nous complétons cette définition en posant

$$\int_a^b f(x)\,dx = -\int_b^a f(x)\,dx.$$

Il reste à voir si l'intégrale satisfait bien aux conditions du problème d'intégration ([2]); il nous suffit évidemment d'examiner les conditions 3 et 6.

Lorsque l'on additionne deux fonctions ne prenant chacune qu'un nombre fini de valeurs différentes, comme les fonctions φ et Φ de la page 101, la condition 3 est évidemment vérifiée. Soient maintenant f_1 et f_2 deux fonctions mesurables bornées; nous savons que f_1 et f_2 diffèrent de moins de ε de deux fonctions φ_1

([1]) Les l_i qui donnent σ'_p et Σ'_p ne contiennent pas nécessairement ceux qui ont donné σ'_{p-1} et Σ'_{p-1}, tandis que les l_i donnant σ_p et Σ_p contiennent les l_i relatifs à σ_{p-1} et Σ_{p-1}.

([2]) Pour le cas où il existerait des fonctions non mesurables, il faut ajouter qu'on s'astreint à la considération des seules fonctions mesurables.

et φ_2 de la nature de celles dont il vient d'être parlé, donc $f_1 + f_2$ diffère de moins de 2ε de $\varphi_1 + \varphi_2$; $\int_a^b (f_1 + f_2)\,dx$ diffère de moins de $2\varepsilon|b - a|$ de $\int_a^b (\varphi_1 + \varphi_2)\,dx = \int_a^b \varphi_1\,dx + \int_a^b \varphi_2\,dx$, c'est-à-dire de moins de $4\varepsilon|b - a|$ de $\int_a^b f_1\,dx + \int_a^b f_2\,dx$. La condition 3 est donc bien remplie.

La condition 6 est aussi remplie, car on a la propriété suivante :

Si les fonctions mesurables $f_n(x)$, bornées dans leur ensemble, c'est-à-dire quels que soient n et x, ont une limite $f(x)$, l'intégrale de $f_n(x)$ tend vers celle de $f(x)$.

En effet, nous savons que $f(x)$ est intégrable ; évaluons

$$\int_a^b [f(x) - f_n(x)]\,dx.$$

Si l'on a toujours $|f_n(x)| < M$ et si $f - f_n$ est inférieure à ε dans E_n, $f - f_n$, étant inférieure à la fonction égale à ε dans E_n et à M dans $C(E_n)$, a une intégrale au plus égale en module à

$$\varepsilon\,m(E_n) + M\,m[C(E_n)].$$

Mais ε est quelconque, et $m[C(E_n)]$ tend vers zéro avec $\frac{1}{n}$ parce qu'il n'y a aucun point commun à tous les E_n, donc

$$\int_a^b (f - f_n)\,dx$$

tend vers zéro. La propriété est démontrée ([1]).

Une autre forme de ce théorème est la suivante :

Si tous les restes d'une série de fonctions mesurables sont en module inférieurs à un nombre fixe M, la série est intégrable terme à terme.

Les définitions et les résultats précédents peuvent être étendus

---

([1]) M. Osgood, dans un Mémoire de l'*American Journal*, 1897, *On the non-uniform convergence*, a démontré le cas particulier de ce théorème dans lequel f et les f_n sont continues. La méthode de M. Osgood est tout à fait différente de celle du texte.

à certaines fonctions non bornées. Soit $f(x)$ une fonction mesurable non bornée. Choisissons des nombres ..., l_{-2}, l_{-1}, l_0, l_1, l_2, ..., en nombre infini, échelonnés de $-\infty$ à $+\infty$ et tels que $l_{i+1} - l_i$ soit toujours inférieur à ε. Nous pouvons former les deux séries

$$\sigma = \sum_{-\infty}^{+\infty} l_i m \{ \mathrm{E}[l_i \leqq f(x) < l_{i+1}]\},$$

$$\Sigma = \sum_{-\infty}^{+\infty} l_i m \{ \mathrm{E}[l_{i-1} < f(x) \leqq l_i]\}.$$

En reprenant les raisonnements précédents, on voit immédiatement que, si l'une d'elles est convergente, et par suite absolument convergente, l'autre l'est aussi et que, dans ces conditions, σ et Σ tendent vers une limite bien déterminée quand le maximum de $l_{i+1} - l_i$ tend vers zéro d'une manière quelconque. Cette limite est, par définition, l'intégrale de $f(x)$ dans l'intervalle positif d'intégration; on passe de là à l'intervalle négatif comme précédemment.

Nous appellerons *fonctions sommables* les fonctions auxquelles s'applique la définition constructive de l'intégrale ainsi complétée ([1]). Toute fonction mesurable bornée est sommable.

Les raisonnements employés montrent que le problème d'intégration est possible et d'une seule manière, si on le pose pour les fonctions sommables.

On ne connaît aucune fonction bornée non sommable, il est facile au contraire de citer des fonctions non bornées non sommables. La fonction nulle pour $x = 0$ et égale à

$$\left(x^2 \sin \frac{1}{x^2}\right)' = 2x \sin \frac{1}{x^2} - \frac{2}{x}\cos \frac{1}{x^2}$$

en est un exemple; cependant cette fonction peut être intégrée par les méthodes de Cauchy et Dirichlet développées au Chapitre I. On pourra, dans certains cas, appliquer ces méthodes aux fonc-

---

([1]) Je m'écarte ici du langage adopté dans ma Thèse où j'appelais *fonctions sommables* celles que j'appelle maintenant *mesurables*. Avec les conventions du texte, le mot *sommable* joue dans la théorie de l'intégrale le même rôle que le mot *intégrable* dans l'intégration riemannienne.

tions non sommables pour définir leur intégrale; je n'insisterai pas sur cette généralisation.

Voici une dernière définition; si une fonction $f(x)$ est définie dans un ensemble E, nous dirons qu'elle est sommable dans E si la fonction f_1, égale à f pour les points de E et à o pour les points de $C_{AB}(E)$, a une intégrale dans AB, qui sera, par définition, l'intégrale de f sur E. Donc, si un ensemble E est la somme d'un nombre fini ou d'une infinité dénombrable d'ensembles mesurables E_i, sans point commun deux à deux, on a

$$\int_E = \int_{E_1} + \int_{E_2} + \ldots:$$

cela est évident si la fonction sommable considérée est bornée; on le démontrera sans peine pour une fonction sommable quelconque.

V. — Définition géométrique de l'intégrale.

La définition constructive de l'intégrale à laquelle nous venons d'arriver est analogue à la définition développée au Chapitre II; seulement, pour calculer une valeur approchée de l'intégrale, au lieu de se donner comme dans ce Chapitre une division de l'intervalle de variation de x, nous nous sommes donné une division de l'intervalle de variation de $f(x)$. Recherchons maintenant s'il est possible d'obtenir une définition analogue à celle du Chapitre III.

Cela suppose résolu le problème de la mesure des ensembles formés de points dans un plan, problème que l'on pose comme pour le cas de la droite, la condition 3' devenant : *la mesure de l'ensemble des points dont les coordonnées vérifient les inégalités*

$$0 \leq x \leq 1, \qquad 0 \leq y \leq 1,$$

est 1.

On démontrera facilement que la mesure d'un carré est son aire, au sens élémentaire du mot. De là on déduira que la mesure d'un ensemble quelconque est comprise entre sa mesure extérieure et sa mesure intérieure, mesures qu'on définira comme dans le cas de la droite, les carrés remplaçant les intervalles.

Pour démontrer que la mesure intérieure ne surpasse jamais la

mesure extérieure, il faudra démontrer qu'un carré C ne peut
être couvert à l'aide d'un nombre fini de carrés c_i que si la somme
des aires des c_i est au moins égale à l'aire de C, ce que l'on peut
faire élémentairement ([1]); puis il faudra démontrer le théorème
de M. Borel lorsqu'on remplace dans son énoncé le mot *intervalle*
par le mot *carré* ou le mot *domaine*.

La démonstration peut se faire comme pour le cas de la droite,
mais je veux à cette occasion indiquer comment on peut employer
la courbe de M. Peano et les autres courbes analogues (p. 44).
Soit le domaine D dont tout point (ainsi que les points frontières)
est intérieur à l'un des domaines Δ. Nous pouvons définir, à l'aide
d'un paramètre t variant de o à 1, une courbe C qui remplit le
domaine D et qui ne passe par aucun point extérieur ([2]). Chaque
domaine Δ découpe sur C des arcs correspondant à certains intervalles de variation pour t, soient ∂ ces intervalles. Un domaine Δ
peut d'ailleurs avoir des points de sa frontière communs avec C,
ces points ne formant pas d'intervalles; nous négligeons ces points
et nous ne nous occupons que des intervalles. (o, 1) est évidemment couvert avec les ∂, donc avec un nombre fini d'entre eux,
d'après le théorème de M. Borel pour le cas de la droite, et, par
suite, D est couvert avec les Δ en nombre fini qui correspondent
à ces ∂.

Cette propriété démontrée, la suite des raisonnements et des
définitions se poursuit comme dans le cas de la droite, les intervalles étant toujours remplacés par des carrés. Comme dans le cas
de la droite on définit les ensembles mesurables, les ensembles
mesurables B, et l'on démontre à leur sujet les mêmes propriétés.

Il ne faut pas confondre la mesure des ensembles de points dans
le plan avec celle des ensembles de points d'une droite; nous les
distinguerons lorsqu'il y aura doute en les qualifiant *mesure superficielle* m_s et *mesure linéaire* m_l ([3]).

([1]) Pour cette question et pour tout ce qui concerne la mesure des polygones,
on consultera avec intérêt la Note D de la *Géométrie élémentaire* de M. Hadamard.

([2]) On pourra pour cela établir une correspondance biunivoque et continue
entre les points d'un carré et ceux du domaine D, puis prendre pour courbe C
celle qui correspond à la courbe de Peano remplissant le carré.

([3]) Ces définitions permettent de définir les fonctions mesurables de deux
variables et les intégrales doubles relatives à ces fonctions. Je ne m'occuperai ni

Arrivons à la définition de l'intégrale.

A toute fonction bornée $f(x)$ nous avons attaché deux ensembles de points $E_1[f(x)]$, $E_2[f(x)]$ (Chap. III, p. 46); par analogie avec ce qui a été fait précédemment, il est naturel d'appeler *intégrale de la fonction f* la quantité

$$I = m_s[E_1(f)] - m_s[E_2(f)].$$

Étudions dans quels cas cette définition s'applique; nous allons démontrer que c'est lorsque la fonction f est mesurable et seulement dans ce cas. Pour cela il suffira évidemment de le démontrer pour la fonction $\varphi(x)$ égale à $f(x)$ quand $f(x)$ n'est pas négative, et nulle quand $f(x)$ est négative; c'est de cette fonction $\varphi(x)$ que nous allons nous occuper.

Quand on fait décroître α, l'ensemble $E(\varphi \geq \alpha)$ ne perd aucun point, de là on déduit que $m_{l,i}[E(\varphi \geq \alpha)]$ et $m_{l,e}[E(\varphi \geq \alpha)]$ sont des fonctions non croissantes. De plus, $E(\varphi \geq \alpha)$ est l'ensemble des points qui appartiennent à tous les $E(\varphi \geq \alpha - h)$; de là on déduit que $m_{l,i}[E(\varphi \geq \alpha)]$ et $m_{l,e}[E(\varphi \geq \alpha)]$ sont des fonctions de α continues à gauche. Ceci posé, supposons que l'on ait

$$m_{l,e}[E(\varphi \geq \alpha)] > m_{l,i}[E(\varphi \geq \alpha)] + \varepsilon.$$

alors il en sera encore de même dans tout un certain intervalle $(\alpha - h, \alpha)$. Considérons la partie E de $E(\varphi)$ comprise entre $y = \alpha - h$ et $y = \alpha$. Enfermons les points de E dans des carrés A, les points de $C(E)$ dans des carrés B; on peut supposer les A et B de côtés parallèles à ox et oy. Ils ont en commun des rectangles C dont la somme des aires est au moins $m_{s,e}(E) - m_{s,i}(E)$ et en diffère aussi peu que l'on veut. La section des carrés A par la droite $y = K$ est composée d'intervalles a qui enferment $E[\varphi(x) \geq K]$, celle des carrés B est composée d'intervalles b qui enferment $C\{E[\varphi(x) \geq K]\}$, celle des rectangles C est formée des parties c communes aux a et b: on a donc

$$m_l(c) \geq m_{l,e}\{E[\varphi(x) \geq K]\} - m_{l,i}\{E[\varphi(x) \geq K]\}.$$

$m_l(c)$ est donc supérieure à ε quand K varie de $\alpha - h$ à α, et

de ces questions ni de quelques autres qu'on peut y rattacher, comme l'intégration par partie et l'intégration sous le signe somme.

$m_{s,e}(\mathrm{E}) - m_{s,i}\mathrm{E}$ est au moins égale à εh. E et par suite $\mathrm{E}(\varphi)$ n'est donc mesurable que si φ est mesurable.

Supposons que φ bornée soit mesurable et partageons l'intervalle de variation de φ à l'aide de nombres l_i. Soit E la partie de $\mathrm{E}(\varphi)$ comprise entre l_{i-1} et l_i, nous allons évaluer sa mesure. Enfermons dans des intervalles a les points de $\mathrm{E}(\varphi \geq l_i)$ et ceux de $\mathrm{C}[\mathrm{E}(\varphi \geq l_i)]$ dans des intervalles b, soient c les intervalles faisant partie des a et des b. Considérons l'ensemble $\mathcal{A}$ des points dont les abscisses sont points de a et dont les ordonnées sont comprises entre l_{i-1} et l_i; soit $\mathcal{C}$ l'ensemble analogue relatif à c. L'ensemble $\mathcal{A} - \mathcal{C}$ étant contenu dans E, on a

$$m_{s,i}(\mathrm{E}) \geq m_s(\mathcal{A}) - m_s(\mathcal{C}) = (l_i - l_{i-1})[m_l(a) - m_l(c)],$$

de là on déduit

$$m_{s,i}(\mathrm{E}) \geq (l_i - l_{i-1})\, m_l[\mathrm{E}(\varphi \geq l_i)].$$

En faisant la somme de toutes les inégalités analogues, on a

$$m_{s,i}[\mathrm{E}(\varphi)] = \Sigma\, l_i\, m_l[\mathrm{E}(l_i \leq \varphi < l_{i+1})] = \sigma.$$

En raisonnant d'une façon analogue, on voit que

$$m_{s,e}[\mathrm{E}(\varphi)] \leq \Sigma\, l_i\, m_l[\mathrm{E}(l_{i-1} < \varphi \leq l_i)] = \Sigma.$$

Nous avons démontré que les deux quantités σ et Σ tendent vers une même limite quand le maximum de $l_{i+1} - l_i$ tend vers zéro, donc $\mathrm{E}(\varphi)$ est mesurable et l'on retrouve la définition de l'intégrale déjà donnée.

Nous appellerons *intégrale indéfinie* de $f(x)$ l'une quelconque des fonctions

$$\mathrm{F}(x) = \int_0^x f(x)\, dx + \mathrm{K}.$$

Les intégrales indéfinies sont des fonctions continues. Si $f(x)$ est une fonction bornée, cela est évident. Supposons ensuite $f(x)$ sommable mais non bornée, alors on peut trouver α assez grand pour que les intégrales de $f(x)$ dans les deux ensembles $\mathrm{E}(f > \alpha)$, $\mathrm{E}(f < -\alpha)$ soient toutes deux inférieures en module à ε. Posons $f = f_1 + f_2$, f_1 étant nulle pour les deux ensembles $\mathrm{E}(f > \alpha)$, $\mathrm{E}(f < -\alpha)$ et f_2 étant nulle pour $\mathrm{E}(-\alpha \leq f \leq \alpha)$. Alors l'intégrale indéfinie de f_1 est une fonction continue; l'intégrale de f_2 dans tout intervalle étant 2ε au plus, autour d'un point quelconque x_0, on peut donc trouver un intervalle dans lequel l'accroissement de $F(x)$ soit au plus 3ε, ce qui prouve que $F(x)$ est continue.

Si $f(x)$ est sommable, $|f(x)|$ l'est aussi et, dans tout intervalle, l'intégrale indéfinie de $f(x)$ subit un accroissement en module inférieur à celui de l'intégrale indéfinie de $|f(x)|$; cette dernière intégrale étant croissante, *toute intégrale indéfinie est à variation bornée.*

Les propositions trouvées au Chapitre V (p. 69) relativement à la limitation des nombres dérivés de $F(x)$ à l'aide des maxima et des minima de $f(x)$ sont encore exactes; elles se démontrent de même (^{1}).

VI. — *La recherche des fonctions primitives.*

Occupons-nous de la recherche des fonctions primitives. Soit $\bar{\mathscr{F}}(x)$ une fonction ayant une dérivée $f(x)$, nous savons que $f(x)$ est mesurable, car c'est une fonction de première classe. Supposons que $f(x)$ soit bornée, alors $r[\bar{\mathscr{F}}(x),\, x,\, x+h]$ est aussi borné, quels que soient x et h. Et puisque $f(x)$ est la limite pour $h = 0$ de $r[\bar{\mathscr{F}}(x),\, x,\, x+h]$ on peut écrire, d'après un théorème énoncé à la page 114,

$$\int_0^x f(x)\, dx = \lim_{h=0} \frac{\displaystyle\int_0^x [\bar{\mathscr{F}}(x+h) - \bar{\mathscr{F}}(x)]\, dx}{h} = \bar{\mathscr{F}}(x) - \bar{\mathscr{F}}(0),$$

car $\bar{\mathscr{F}}(x)$ est une fonction continue.

Donc *les intégrales indéfinies d'une fonction dérivée bornée sont ses fonctions primitives.* Nous avons résolu le problème fondamental du calcul intégral pour les fonctions bornées. De plus, nous avons un procédé régulier de calcul permettant de reconnaître si une fonction bornée est ou non une dérivée (^{2}).

(^{1}) Seulement on peut maintenant se servir des maxima et minima obtenus en négligeant les ensembles de mesure nulle, car si l'on modifie la valeur d'une fonction aux points d'un tel ensemble, on ne modifie pas l'intégrale de cette fonction.

(^{1}) *Comparez* avec la page 82.

Pour aller plus loin, démontrons que les nombres dérivés sont mesurables et même mesurables B. Considérons pour cela une suite de fonctions u_1, u_2, ..., et les fonctions $\overline{u}$, u égales, pour chaque valeur de x, à la plus grande et à la plus petite des limites des u_n; ce sont les *enveloppes d'indétermination* de la limite des u. Voici comment on peut obtenir l'enveloppe supérieure $\overline{u}$; v_i est la fonction qui, pour chaque valeur de x, est égale à la plus grande des fonctions u_1, u_2, ..., u_i; w_i est la limite de la suite croissante v_i, v_{i+1}, v_{i+2}, ...; $\overline{u}$ est la limite de la suite décroissante w_1, w_2, ... Si les u_i sont des fonctions continues, il en est de même des v_i, les w_i sont donc au plus de première classe et $\overline{u}$ au plus de seconde classe ([1]). Un raisonnement analogue s'applique à u.

La définition des enveloppes d'indétermination aurait pu être donnée par une fonction $g(x, h)$, où h est un paramètre remplaçant l'indice de la fonction u_i. L'un des nombres dérivés de $f(x)$ est l'une des enveloppes d'indétermination de $r[f(x), x, x+h]$, quand on fait tendre h vers zéro, par valeurs de signe déterminé. Mais $r[f(x), x, x+h]$ étant continue en (x, h) pour $h \neq 0$, on peut, pour la recherche de ces enveloppes, remplacer l'infinité non dénombrable des valeurs de h par une suite de valeurs de h tendant vers zéro et convenablement choisies. Les nombres dérivés sont donc au plus de seconde classe.

Ceci posé, soit Λ le nombre dérivé supérieur à droite de $f(x)$, nous le supposons fini. Prenons arbitrairement des nombres l_n échelonnés de $-\infty$ à $+\infty$ quand n parcourt la suite des nombres entiers de $-\infty$ à $+\infty$, et supposons que $l_{n+1} - l_n$ ne surpasse jamais ε. Prenons des nombres positifs a_n, tels que $\sum\limits_{-\infty}^{+\infty} a_n \, | \, l_n \, |$ soit inférieure à ε. Désignons, pour abréger, $\mathrm{E}(l_n < \Lambda \leqq l_{n+1})$ par e_n, et rangeons les e_n en suite simplement infinie e_{n_1}, e_{n_2}, ... Enfermons e_{n_1} dans des intervalles A_{n_1} et $\mathrm{C}(e_{n_1})$ dans des intervalles I_{n_1} choisis de manière que la somme de leurs parties communes soit au plus a_{n_1}. Enfermons e_{n_2} dans des intervalles A_{n_2} et $\mathrm{C}(e_{n_1} + e_{n_2})$ dans des

---

([1]) Le même raisonnement montre que si les u_i sont mesurables, $\overline{u}$ l'est aussi.

intervalles I_{n_2}, les A_{n_2} et les I_{n_2} étant intérieurs aux I_{n_1} et ayant des parties communes de longueur au plus égale à a_{n_2}. On enfermera de même e_{n_3} dans A_{n_3} et $C(e_{n_1} + e_{n_2} + e_{n_3})$ dans I_{n_3}, ces intervalles étant contenus dans I_{n_2} et ayant pour mesure de leurs parties communes a_{n_3} au plus ([1]).

En continuant ainsi, on enferme e_n dans A_n et $m(A_n) - m(e_n)$ est au plus a_n; de plus A_n n'a en commun avec les autres A_{n+p} que des intervalles, chacun d'eux étant compté une seule fois, de longueur totale inférieure à a_n.

Les deux sommes $\Sigma |l_n| m(e_n)$ et $\Sigma |l_n| m(A_n)$ sont convergentes ou divergentes à la fois et, si elles convergent, elles diffèrent de moins de ε. Les deux expressions $\int |\Lambda| dx$ et $\Sigma |l_n| m(A_n)$ ont donc un sens en même temps et, si elles en ont un, elles diffèrent de moins de $\varepsilon(b - a - 1)$, (a, b) étant l'intervalle positif d'intégration. La même remarque s'applique aux deux expressions $\int \Lambda\, dx$ et $\Sigma l_n m(A_n)$.

Soit un point x appartenant à e_p, A'_p celui des intervalles A_p qui contient x. Nous attachons à x le plus grand intervalle $(x, x + h)$ contenu dans A'_p, de longueur au plus égale à ε, et tel que

$$l_p \leqq r[f(x), x, x + h] \leqq l_{p+1} + \varepsilon.$$

A l'aide des intervalles ainsi définis, on peut former une chaîne d'intervalles couvrant (a, b) à partir de a (p. 63). Cette chaîne peut servir à évaluer une valeur approchée de la variation totale de f. Cette valeur approchée ainsi trouvée v est comprise entre $v_1 - \varepsilon(b - a)$ et $v_1 + \varepsilon(b - a)$ où $v_1 = \sum |l_p| m(B_p)$, en désignant par B_p les intervalles employés dans la chaîne et qui proviennent des points de e_p. Les points de A_p qui ne font pas partie de B_p font nécessairement partie de l'un des ensembles $A_{p+q}(q \neq 0)$, donc leur mesure est au plus égale à a_p et v_1 diffère de $\sum |l_n| m(A_n)$ de moins de $\sum a_n |l_n| < \varepsilon$.

Donc, *pour que l'un des nombres dérivés d'une fonction,*

supposé fini, soit sommable, il faut et il suffit que cette fonction soit à variation bornée ; sa variation totale est l'intégrale de la valeur absolue du nombre dérivé.

Si, reprenant le raisonnement précédent, on se sert des intervalles employés pour calculer l'accroissement $f(b) - f(a)$ de $f(x)$ dans (a, b), on voit que *l'intégrale indéfinie d'un nombre dérivé sommable est la fonction f dont il est le nombre dérivé.*

Ainsi nous savons résoudre les problèmes B, B', C, C' quand la fonction donnée est bornée ou quand on sait que la fonction inconnue ne peut être à variation non bornée.

Voici d'autres conséquences : soit une fonction f ayant ses nombres dérivés à droite partout finis, on a

$$f(b) - f(a) = \int_a^b \Lambda_d(f)\, dx = \int_a^b \lambda_d(f)\, dx;$$

donc $\Lambda_d - \lambda_d$ est une fonction non négative d'intégrale nulle et, par suite, elle est partout nulle, sauf peut-être aux points d'un ensemble de mesure nulle. Sauf en ces points, f a donc une dérivée à droite.

On peut aller plus loin et démontrer qu'*une fonction à variation bornée et à nombres dérivés finis a une dérivée pour un ensemble de points dont le complémentaire est de mesure nulle ; de plus une telle fonction est l'intégrale indéfinie de sa dérivée considérée seulement pour l'ensemble des points où elle existe* (¹). Ces deux propriétés, qui s'appliquent en particulier aux fonctions à nombres dérivés bornés (²), résultent des considérations suivantes :

Les intégrales indéfinies des fonctions sommables ont toutes, nous allons le voir, des dérivées en certains points ; nous comparerons cette dérivée à la fonction intégrée f. Considérons d'abord le cas d'une fonction mesurable ψ ne prenant que les valeurs 0 et 1, soit Ψ son intégrale indéfinie et posons $E(\psi = 1) = E$. Enfermons E

(¹) Ces deux propriétés sont vraies lorsque l'un seulement des quatre nombres dérivés est fini.

(²) On s'explique ainsi que savoir qu'une fonction satisfait à la condition de Lipschitz soit souvent aussi utile que savoir qu'elle est dérivable.

dans des intervalles A_p dont la somme des longueurs est $m(E) + \varepsilon_p$ et faisons tendre ε_p vers zéro. L'ensemble $\mathcal{C}$ commun à A_1, A_2, ... contient E et n'en diffère que par un ensemble de mesure nulle, de sorte que, dans le calcul de Ψ, on peut remplacer ψ par ψ' tel que $E(\psi' = 1) = \mathcal{C}$. ψ' est la limite vers laquelle tendent en décroissant les fonctions ψ_p attachées à A_p, $E(\psi_p = 1) = A_p$; soit Ψ_p l'intégrale indéfinie de ψ_p. Dans tout intervalle positif, l'accroissement de Ψ_p est au moins égal à celui de Ψ, de sorte que

$$\Lambda \Psi_p \geqq \Lambda \Psi \geqq 0,$$

Λ étant l'un quelconque des nombres dérivés.

Mais $\Lambda \Psi_p$ étant égal à 1 pour tous les points intérieurs aux intervalles A_p, n'est différent de zéro qu'en ces points et en un ensemble de points de mesure nulle. Par suite, $\Lambda \Psi$ n'est différent de zéro qu'en des points de $\mathcal{C}$ (ou de E) et en un ensemble de points de mesure nulle. Mais, puisque $\Lambda \Psi$ n'est jamais supérieur à 1, que Ψ est l'intégrale de $\Lambda \Psi$ et que, si E est contenu dans (a, b),

$$\Psi(b) - \Psi(a) = m(E),$$

$\Lambda \Psi$ est égal à 1 pour les points de E, sauf pour les points d'un ensemble de mesure nulle. Cela étant vrai pour l'un quelconque des nombres dérivés, ψ est la dérivée de Ψ, sauf pour les points d'un ensemble de mesure nulle.

Soit maintenant la fonction sommable f, reprenant les notations de la page 101 nous considérons f comme la limite vers laquelle les fonctions φ tendent en croissant quand le maximum de $l_{i+1} - l_i$ tend vers zéro. φ est la dérivée de son intégrale indéfinie, sauf pour un ensemble de mesure nulle, car c'est une somme de fonctions ψ. On déduit de là, en faisant tendre $l_{i+1} - l_i$ vers zéro, que les nombres dérivés de l'intégrale indéfinie F de f sont au moins égaux à f sauf aux points d'un ensemble de mesure nulle, car dans tout intervalle l'accroissement de l'intégrale de f est au moins égal à celui de l'intégrale de φ. De même, en considérant les fonctions Φ qui tendent vers f en décroissant, on voit que ces nombres dérivés sont, sauf en un ensemble de mesure nulle, au plus égaux à f, donc *l'intégrale indéfinie d'une fonction sommable admet celte fonction pour dérivée sauf aux points d'un ensemble de mesure nulle* ([1]).

Si l'on rapproche cet énoncé de la définition proposée à la page 94, on reconnaît que cette définition est exactement équivalente pour les fonctions bornées à celle étudiée dans ce Chapitre. L'intégration des fonctions sommables bornées est donc, en un certain sens, l'opération inverse de la dérivation.

VII. — *La rectification des courbes.*

Soit une courbe rectifiable

$$x = x(t), \qquad y = y(t), \qquad z = z(t).$$

définie dans (a, b) par les fonctions $x(t)$, $y(t)$, $z(t)$ à nombres dérivés bornés. Ces fonctions admettent toutes trois à la fois des dérivées, sauf pour un ensemble de valeurs de t de mesure nulle, E, et soit C le complémentaire de E. Nous allons démontrer que *la longueur de la courbe est*

$$l = \int_C \sqrt{x'(t)^2 + y'(t)^2 + z'(t)^2}\, dt.$$

Remarquons d'abord que, dans un intervalle (t_0, t_1), l'arc s croît au plus de $M\sqrt{3}(t_1 - t_0)$, si les nombres dérivés de x, y, z sont inférieurs en valeur absolue à M. Donc on peut enfermer les points de E dans des intervalles A dont la contribution dans s est inférieure à ε et dont la contribution dans l'intégrale l est aussi inférieure à ε.

Ceci posé, partageons l'intervalle fini de variation de

$$p(t) = \sqrt{x'^2 + y'^2 + z'^2}$$

à l'aide de nombres l_i tels que $l_{i+1} - l_i$ soit inférieur à ε. e_n étant l'ensemble $E(l_n < p(t) \leqq l_{n+1})$, nous pouvons enfermer e_n dans des

---

([1]) On pourrait déduire de ce résultat la possibilité d'*intégrer par partie*. Le raisonnement qui vient d'être employé conduit à une autre propriété :

Toute fonction mesurable est continue, sauf aux points d'un ensemble de mesure nulle, quand on néglige les ensembles de mesure ε, si petit que soit ε.

Voir Borel, *Comptes rendus,* 7 décembre 1903; Lebesgue, *Comptes rendus,* 28 décembre 1903.

intervalles A_n dont les parties communes avec d'autres A_{n+q} ont une longueur totale au plus égale à a_n; les nombres a_n étant tels que la série $\Sigma \, | \, l_n \, | \, a_n$ soit convergente et de somme ε. A tout point t de e_p attachons le plus grand intervalle $(t, \, t+h)$ d'origine t, de longueur au plus égale à ε, intérieur à celui des A_n qui contient t et tel que

$$l_n \leqq \sqrt{[x(t+h) - x(t)]^2 + [y(t+h) - y(t)]^2 + [z(t+h) - z(t)]^2} \leqq l_{n+1} + \varepsilon.$$

A un point t de E, nous attachons le plus grand intervalle $(t, \, t+h)$ d'origine t, de longueur au plus égale à ε et contenu dans celui des A qui contient t.

Avec ces intervalles, on peut couvrir $(o, \, 1)$, à partir de o, par une chaîne d'intervalles qu'on peut employer pour le calcul de l'arc. Cela donne une valeur approchée de l'arc différant de moins de $\varepsilon(b - a) + \varepsilon$ de $\sigma = \Sigma l_i \, m(A'_i)$, en désignant par A' les intervalles employés provenant des points de e_i. Les points de A_i qui ne font pas partie de A'_i sont des points de A ou de $A_{i+j} (j \neq o)$. Or les points de $\mathcal{C}$ contenus dans A fournissent, dans

$$\sigma_1 = \Sigma l_i \, m(A_i),$$

une contribution qui diffère de moins de $\varepsilon(b - a)$ de l'intégrale de $p(t)$ dans A; c'est-à-dire qu'ils donnent une contribution au plus égale à $\varepsilon(b - a) + \varepsilon$. D'autre part, les points des A_i qui font partie des $A_{i+j} (j \neq o)$ fournissent, dans σ_1, une contribution au plus égale à $\Sigma l_i | a_i | = \varepsilon$. Donc $\sigma_1 - \sigma$ tend vers zéro avec ε et comme, dans ces conditions, σ_1 tend vers l, la propriété est démontrée.

La fonction $s(t)$, qui représente l'arc, étant l'intégrale indéfinie de $p(t)$, admet $p(t)$ pour dérivée, sauf pour les points d'un ensemble de mesure nulle.

Ainsi *lorsqu'une courbe rectifiable est définie à l'aide de fonctions de t à nombres dérivés bornés, on a la relation*

$$s'^2 = x'^2 + y'^2 + z'^2,$$

sauf pour des valeurs de t formant un ensemble de mesure nulle ([1]).

([1]) En reprenant les raisonnements employés, on verra facilement dans quelle

Considérons une courbe rectifiable ; exprimons ses coordonnées à l'aide de l'arc s (^{1}); alors on a, en général,

$$x_s'^2 + y_s'^2 + z_s'^2 = 1.$$

Soit σ l'arc de la courbe $(x, y, 0)$ projection sur le plan des xy; σ est une fonction de s à nombres dérivés bornés et l'on a

$$\sigma_s'^2 = x_s'^2 + y_s'^2,$$
$$1 = \sigma_s'^2 + z_s'^2,$$

sauf pour un ensemble de points de mesure nulle.

De là résulte que l'ensemble A des points où σ_s' et z_s' sont nuls en même temps est de mesure nulle. Sauf aux points de A, $\dfrac{\sigma_s'}{z_s'}$ a une valeur déterminée finie ou infinie. Si σ_s' est nul et z_s' non nul, la courbe a une tangente parallèle à oz; si s n'appartient pas à A et si σ_s' est différent de 0, puisque $\sigma_s'^2 = x_s'^2 + y_s'^2$, x_s' et y_s' ne sont pas nuls à la fois, la courbe a une tangente.

Les courbes rectifiables ont donc en général des tangentes, les points où il n'y a pas de tangentes correspondent à un ensemble de valeurs de l'arc dont la mesure est nulle (^{2}). Ce sont ces points que l'on peut négliger dans le calcul de l'arc à l'aide de l'intégrale de $\sqrt{x'^2 + y'^2 + z'^2}$.

Soit $f(x)$ une fonction à variation bornée continue, appliquons la propriété qui précède à la courbe $y = f(x)$. Cette courbe a, en général, des tangentes (^{3}); si s est son arc, x_s' et y_s' existent sauf pour un ensemble de valeurs de s de mesure nulle. Sauf aux points de cet ensemble et à ceux de l'ensemble E où x_s' est nulle, y_x' existe et est finie. Je dis que E est de mesure nulle.

---

mesure les résultats précédents sont indépendants de l'hypothèse que $x(t)$, $y(t)$, $z(t)$ sont à nombres dérivés bornés. On verra aussi que les nombres dérivés peuvent remplacer les dérivées dans l'expression de l'arc lorsqu'ils sont bornés. Comme cas particulier, on trouvera que la variation totale de $\int f\,dx$ est $\int |f|\,dx$.

(^{1}) Cela n'est possible que si x, y et z ne restent pas tous trois constants dans un certain intervalle.

(^{2}) Malgré la restriction signalée dans la Note précédente cet énoncé est tout à fait général.

(^{3}) Car x ne restant jamais constant, puisque c'est lui le paramètre, nous ne sommes pas dans le cas d'exception signalé aux notes précédentes.

S'il n'en était pas ainsi, les points où l'un, convenablement choisi, des quatre nombres dérivés de $f(x)$ serait infini, formeraient un ensemble de mesure non nulle. On pourrait alors reprendre le raisonnement des pages 121 et 122 pour évaluer $f(x)$ à l'aide de ce nombre dérivé $\Lambda f(x)$, mais parmi les l_i figurerait l'un des nombres $l_{-\infty} = -\infty$, $l_{+\infty} = +\infty$, et l'on aurait les ensembles $e_{-\infty}$, $e_{+\infty}$, l'un d'eux étant de mesure non nulle (^{1}). L'intervalle que l'on attacherait au point x de $e_{+\infty}$ serait le plus grand intervalle $(x, x+h)$ de longueur au plus égale à ε, contenu dans celui $A'_{+\infty}$ des $A_{+\infty}$ contenant x et tel que l'on ait

$$ M \leq \frac{f(x+h) - f(x)}{h}, $$

M étant choisi arbitrairement. La chaîne d'intervalle correspondante donnera une valeur approchée de la variation totale qu'on pourra faire croître indéfiniment avec M et $\frac{1}{\varepsilon}$ si $l_{+\infty}$ est de mesure non nulle et si l'on a pris

$$ M a_{+\infty} + M a_{-\infty} + \sum_{-\infty}^{+\infty} |l_i| a_i < \varepsilon; $$

ceci est contraire à l'hypothèse, E est de mesure nulle.

Or, par hypothèse, $f(x)$ est variation bornée, donc x'_s est nul pour un ensemble de valeurs de s de mesure nulle. y'_x existe donc et est finie sauf pour un ensemble de valeurs de s de mesure nulle. Mais aux valeurs de s, formant un intervalle δ, correspondent des valeurs de x formant un intervalle δ_1 au plus égal à δ; si l'on enferme les valeurs de s d'un ensemble E dans des intervalles de longueur totale l, les valeurs correspondantes de x forment un ensemble E_1 qu'on peut enfermer dans les intervalles correspondants de longueur totale au plus égal à l. A un ensemble de valeurs de s de mesure nulle correspond donc un ensemble de valeurs de x de mesure nulle.

Il est ainsi démontré que toute fonction à variation bornée $f(x)$ a une dérivée finie sauf pour les valeurs de x d'un ensemble de mesure nulle. Le raisonnement de la page 122, tel qu'il vient d'être complété, montre même que cette dérivée

---

est sommable dans l'ensemble des points où elle est finie, mais sa fonction primitive n'est pas nécessairement $f(x)$, comme le montre l'exemple de la fonction $\xi(x)$ de la page 55. Le théorème qui vient d'être démontré est donc différent de celui concernant la dérivation des intégrales indéfinies; en d'autres termes, il existe des fonctions continues à variation bornée, $\xi(x)$ par exemple, qui ne sont pas des intégrales indéfinies ([1]).

([1]) Pour qu'une fonction soit intégrale indéfinie, il faut de plus que sa variation totale dans une infinité dénombrable d'intervalles de longueur totale l, tende vers zéro avec l.

Si, dans l'énoncé de la page 94, on n'assujettit pas $f(x)$ à être bornée, ni $F(x)$ à être à nombres dérivés bornés, mais seulement à la condition précédente, on a une définition de l'intégrale équivalente à celle développée dans ce Chapitre et applicable à toutes les fonctions sommables, bornées ou non.

NOTE.

I. — *Les ensembles dérivés.*

Nous avons dû résoudre à la fin du Chapitre I la question suivante :
Une fonction continue est connue à une constante additive près, variant d'un intervalle à l'autre, dans tout intervalle ne contenant aucun des points d'un ensemble E ; quelle doit être la nature de l'ensemble E pour que la fonction soit complètement déterminée ([1])?

Ce problème a été résolu par M. G. Cantor, qui l'utilisa dans la théorie des séries trigonométriques. Nous allons étudier les propriétés des ensembles qui ont été employées au Chapitre I pour la résolution de cette question.

Considérons un ensemble borné E de points ([2]). L'ensemble de ses points limites est son *premier dérivé,* il se note E$'$ ou E^1. Le dérivé de E^1 est le *second dérivé,* il se note E^2 ; et ainsi de suite.

I. *Pour tout ensemble infini* (c'est-à-dire comprenant une infinité de points) E^1 *existe,* c'est le principe de Bolzano-Weierstrass. Pour le démontrer, rangeons en une classe A tous les nombres inférieurs à une infinité de nombres de E et dans la classe B les autres nombres. La division A, B définit un nombre qui est évidemment un point limite de E et même le plus petit de ces points limites.

E^1 est évidemment fermé, c'est-à-dire contient ses points limites, donc il contient son dérivé E^2 ; E^2 est fermé, il contient E^3 ; et ainsi de suite.

Ces ensembles E^1, E^2, E^3, ... peuvent exister. Un premier cas où leur existence est évidente est celui où E^1 est parfait, car alors E^1, E^2, E^3, ...

([1]) On peut toujours supposer que l'ensemble E qui figure dans cet énoncé est fermé ; il suffirait donc d'étudier seulement les ensembles fermés, mais il ne résulterait de cette limitation aucune simplification notable.

([2]) Il s'agit de points en ligne droite, donc de nombres ; il n'y aurait que peu de changements s'il s'agissait d'ensembles de points dans un espace à plusieurs dimensions ; d'ailleurs l'emploi des courbes telles que la courbe de Peano permet de se borner à l'étude du cas de la droite.

sont tous identiques. Dans ce cas la définition de E^2, E^3, ... ne présente pas d'intérêt. Mais ces ensembles peuvent être tous distincts. Voici le procédé de construction que nous emploierons pour le voir :

Soient des ensembles e_1, e_2, ... Divisons $(o, 1)$ en intervalles partiels $\left(1, \frac{1}{2}\right)$, $\left(\frac{1}{2}, \frac{1}{2^2}\right)$, $\left(\frac{1}{2^2}, \frac{1}{2^3}\right)$, ... Effectuons sur e_i la transformation homothétique qui remplace le plus petit intervalle contenant e_i par $\left(\frac{1}{2^{i-1}}, \frac{1}{2^i}\right)$; e_i devient $\mathcal{E}_i$. La somme de ces ensembles $\mathcal{E}_i$ sera notée $A(e_1, e_2, \ldots)$.

Si e_1, e_2, ... contiennent chacun un nombre fini de points,

$$A_1 = A(e_1, e_2, \ldots)$$

est un ensemble pour lequel E^1 se réduit au point o. Si e_1, e_2, ... sont identiques à A_1 on obtient $A_2 = A(A_1, A_1, \ldots)$ pour lequel E^2 se réduit au point o. Et ainsi de suite.

Si $e_1 = A_1$, $e_2 = A_2$, ..., pour $A(A_1, A_2, \ldots)$, les dérivés E^1, E^2, ... contiennent tous des points.

II. *Lorsque les dérivés* E^1, E^2, ... *contiennent tous des points, il existe des points communs à tous ces dérivés.* Soit, en effet, M_i un point de E^i n'appartenant pas à E^{i+1} ; M_i est aussi point de E^{i-1}, E^{i-2}, ..., E^1. L'ensemble M_1, M_2, ... a au moins un point limite qui, étant limite des points M_i, M_{i+1}. ... de E^i, est point de E^{i+1}. Ce point appartient donc à tous les E^i.

L'ensemble des points dont l'existence est ainsi démontrée est appelé le $\omega^{ième}$ *dérivé* E^ω.

Pour $A_\omega = A(A_1, A_2, \ldots)$, E^ω contient le seul point o. Le dérivé de E^ω se note $E^{\omega+1}$, il se réduit au point o pour $A(A_\omega, A_\omega, \ldots) = A_{\omega+1}$. Les dérivés successifs de E^ω se notent $E^{\omega+1}$, $E^{\omega+2}$, ... Il ne faut attacher aucune importance à la forme particulière des indices employés ; en fait, on est vite obligé de renoncer à leur donner une forme déterminée à l'avance par une loi précise, on met comme indices des symboles quelconques qui ont pour but de distinguer les différents dérivés d'un même ensemble. Nous appellerons ces symboles *les nombres transfinis de la première classe* ou, pour abréger, *les nombres transfinis* ([1]) ; mais, avant d'étudier ces symboles, il faut démontrer que ce sont les mêmes qui peuvent servir quel que soit l'ensemble dont on prend les dérivés et pour cela préciser la définition de ces dérivés.

Nous dirons de deux dérivés d'un même ensemble que l'un d'eux vient *après* l'autre s'il est contenu dans cet autre. Avec cette convention les mots *avant* et *après* peuvent être employés comme dans le langage ordinaire.

([1]) M. Cantor considère d'autres nombres transfinis que ceux dont il est question ici, mais ces nombres ne sont pas utiles dans l'étude des ensembles dérivés.

Lorsqu'un dérivé contient une infinité de points et n'est pas parfait, il y a lieu de considérer son dérivé qui est, par définition, le premier dérivé qui vienne après lui. Une seconde définition est nécessaire; soient E^α, E^β, ... des dérivés en nombre fini ou dénombrable, s'ils contiennent tous des points et s'ils sont différents deux à deux il existe des points qui leur sont communs à tous; pour le voir, il suffit de faire un raisonnement analogue à celui employé pour la proposition II. L'ensemble de tous ces points peut être identique à l'un E^γ des ensembles donnés, alors E^γ vient après tous les autres ensembles donnés, ou bien il n'est identique à aucun des ensembles donnés et il constitue par définition le premier dérivé venant après E^α, E^β, ... Pour que cette définition soit acceptable, il faut que, sans que le dérivé obtenu change, on puisse remplacer les dérivés donnés par les dérivés $E^{\alpha'}$, $E^{\beta'}$, ... tels que l'un quelconque des E^α fasse partie des $E^{\alpha'}$ ou soit avant l'un d'eux et inversement. On vérifie facilement qu'il en est bien ainsi.

La seconde de ces définitions ne s'applique que dans le cas où une infinité dénombrable d'ensembles dérivés a été définie, et seulement une infinité dénombrable. La première suppose que dans l'ensemble des dérivés définis il y a un dernier dérivé, de sorte que les dérivés obtenus par l'application de ces deux définitions ont avant eux au plus une infinité dénombrable d'ensembles dérivés.

Nous pouvons énoncer la proposition :

III. *Lorsque des dérivés en nombre fini ou dénombrable d'un ensemble* E *contiennent tous des points, il existe des points communs à tous ces dérivés. Ces points constituent le premier dérivé qui ne vient avant aucun des dérivés donnés.*

Considérons les dérivés successifs de deux ensembles A et B. Nous n'écrivons que les dérivés différents qui contiennent effectivement des points. Faisons correspondre A^1 à B^1, A^2 à B^2, ..., A^ω à B^ω, etc. En opérant ainsi, on fait correspondre tous les premiers dérivés de A à tous les premiers dérivés de B, l'ordre étant conservé. Je dis que cette correspondance peut être poursuivie assez loin pour épuiser, soit les dérivés de A, soit ceux de B. En effet, la correspondance peut être établie entre les premiers dérivés entre A^1, A^2, ... et B_1, B_2, ... Je suppose écrits tous les dérivés de A pour lesquels cette correspondance peut être établie; alors, ou bien il y a un de ces dérivés après tous les autres, ou bien cela n'est pas et dans les deux cas on sait définir le dérivé de A qui suit tous ceux écrits. Si l'on fait correspondre ce dérivé de A à celui de B qui suit tous ceux écrits, la correspondance est réalisée pour d'autres ensembles dérivés que ceux écrits; il était donc absurde de supposer qu'elle n'était réalisable que pour ceux-là.

La correspondance peut donc être réalisée jusqu'à complet épuisement des dérivés de A ou de B. Supposons que ce soit les dérivés de A qui soient épuisés. Je dis que cette correspondance n'est possible que d'une manière; en d'autres termes, il n'est pas possible de réaliser les conditions énoncées de manière qu'un même dérivé A^{α_0} de A corresponde d'abord à un dérivé de B, puis à un autre dérivé de B. Supposons cela possible et considérons seulement les dérivés A^α, où α est au plus égal à α_0; nous aurons deux *applications* successives de l'ensemble de ces A^α sur deux parties différentes P et P_1 de l'ensemble des B^β. P est contenue dans P_1 ou P_1 dans P. Supposons que P_1 soit contenue dans P. Alors dans l'application des A^α sur P on fait correspondre aux B^β de P_1 les dérivés d'une partie Q de l'ensemble des A^α.

A un A^α quelconque correspond dans l'application sur P_1 un B^β, à ce B^β correspond dans l'application P un A^α, on pourrait donc réaliser l'application de l'ensemble des A^α sur l'une Q de ses parties ([1]). Or cela est impossible car A^1 doit nécessairement correspondre à A^1, A^2 à A^2, et ainsi de suite, et l'on démontrerait qu'il n'en peut être ainsi pour une certaine famille de dérivés A^1, A^2, ..., sans en être aussi de même pour le premier dérivé qui suit ceux écrits.

Enfin par des raisonnements de même nature on démontrera que si dans la correspondance il est possible d'épuiser les dérivés de A, sans épuiser ceux de B, il est impossible de réaliser la correspondance satisfaisant aux conditions énoncées et telle, de plus, que les dérivés de B soient épuisés avant ceux de A.

II. — *Les nombres transfinis.*

Si, comme il a été dit, on met aux lettres E et F différents indices distinguant les dérivés des ensembles E et F, on pourra convenir d'employer les mêmes indices pour les dérivés de E et de F qui se correspondent dans l'application dont il vient d'être parlé. Les symboles ainsi choisis une fois pour toutes comme indices sont les nombres entiers finis 1, 2, 3, ... et d'autres signes qu'on appelle les *nombres transfinis* ([2]).

([1]) Il faut remarquer que c'est une partie commençant à A^1 et contenant des dérivés consécutifs, c'est-à-dire ce que M. Cantor appelle un *segment*. S'il s'agissait d'une partie quelconque, il n'y aurait pas impossibilité.

([2]) Une notation régulière de ces symboles n'a jamais été donnée: il est d'ailleurs évidemment impossible de noter tous ces symboles par des combinaisons en nombre fini quelconque d'un nombre fini de symboles, car, comme nous allons le voir, leur ensemble a une puissance supérieure au dénombrable. Il paraît donc impossible de donner une loi permettant d'écrire effectivement à l'aide d'une notation régulière l'un quelconque d'entre eux.

Relativement à la numération des nombres transfinis, on lira avec intérêt ce qui concerne la forme normale des nombres transfinis dans les Mémoires de M. G. Cantor, traduits par M. F. Marotte sous le titre de *Fondements d'une théorie des ensembles transfinis* (Paris, Hermann).

Dans le même Ouvrage se trouvent développées les propriétés des ensembles bien ordonnés que j'ai utilisées dans l'étude des ensembles dérivés.

Un nombre transfini est dit *plus petit* qu'un autre lorsqu'il correspond à un dérivé venant avant celui correspondant à l'autre nombre transfini. Nous nous bornons d'ailleurs aux symboles utiles, nous ne continuerons la construction de ces symboles que tant que nous trouverons des dérivés contenant des points et différents de ceux qui les précèdent; chaque nombre transfini n'a donc avant lui qu'un nombre fini ou une infinité dénombrable de nombres transfinis.

IV. *L'ensemble des nombres transfinis n'est pas dénombrable.* — Nous avons attaché des ensembles A_1, A_2, ... aux nombres finis et des ensembles A_ω, $A_{\omega+1}$, aux deux premiers nombres transfinis. Nous compléterons cette correspondance en convenant que si nous avons attaché A_α au nombre α, $A_{\alpha+1}$ sera $A(A_\alpha, A_\alpha, \ldots)$. Les nombres $\alpha + 1$ auxquels s'applique cette définition sont ceux qui ont avant eux un *dernier* nombre transfini, ce sont ceux qui correspondent aux dérivés donnés par la première définition; M. Cantor les appelle les *nombres de la première espèce*. Ceux *de la deuxième espèce* sont ceux qui correspondent à la deuxième définition des dérivés; un tel nombre α est défini par l'ensemble de tous les nombres qui lui sont inférieurs. Rangeons ces nombres, qui forment un ensemble dénombrable, en suite simplement infinie a, b, c, ...; nous poserons $A_\alpha = A(a, b, c, \ldots)$ ([1]).

Ces deux procédés de construction sont applicables tant que l'on n'a encore qu'une infinité dénombrable de nombres; ils donnent toujours un ensemble A_α dont le $\alpha^{\text{ième}}$ dérivé ne contient que le point o; il est donc absurde de supposer qu'on épuise la suite des nombres transfinis à l'aide d'une infinité dénombrable d'opérations.

III. — *Les ensembles réductibles et les ensembles parfaits.*

Il existe deux grandes classes d'ensembles : les ensembles dénombrables et les ensembles non dénombrables. À la première classe appartiennent les ensembles dont l'un des dérivés ne contient aucun point ([2]); cela résulte immédiatement de la proposition suivante :

V. *Les points de E^1 qui ne font pas partie de E^α ($\alpha > 1$) forment un ensemble dénombrable.* — En effet les points de E^1 qui n'appartiennent pas à E^2 sont isolés dans E^1, donc chacun d'eux peut être enfermé dans un intervalle ne contenant qu'un point de E^1. Sur l'un de ces intervalles δ, deux autres, au plus, δ_1 et δ_2, empiètent et ils n'empiètent pas l'un sur

---

([1]) Il y a là une difficulté qui provient du fait qu'on ne donne pas la loi de formation de la suite a, b, c, ... Si l'on savait donner cette loi les ensembles A^α pourraient servir à noter les nombres transfinis.

([2]) D'après III. le premier dérivé pour lequel il en est ainsi ne peut correspondre à un nombre de la seconde espèce.

l'autre. La somme des longueurs des δ est donc au plus deux fois la longueur d'un intervalle contenant E^1; les intervalles δ forment un ensemble dénombrable.

Ainsi les points de E^1 qui n'appartiennent pas à E^2 forment un ensemble B_1 dénombrable, ceux de E^β qui n'appartiennent pas à $E^{\beta+1}$ forment un ensemble dénombrable B_β. Or l'ensemble considéré dans la propriété V est l'ensemble des points de la somme des B_β pour $\beta < \alpha$, donc il est dénombrable.

Les ensembles dont l'un des dérivés ne contient aucun point sont dits *réductibles;* ils sont dénombrables, car, d'après V, pour un tel ensemble E, E_1 est dénombrable; tous les points de E sont des points de E_1 ou des intervalles contigus à E_1, lesquels sont en nombre fini ou dénombrable. Dans un intervalle *intérieur* à un intervalle contigu à E_1, E n'a pas de points limites, donc est fini et par suite il est dénombrable dans tout intervalle contigu à E_1. E est dénombrable.

A la classe des ensembles non dénombrables appartiennent les ensembles parfaits :

VI. *Tout ensemble parfait a la puissance du continu.* — Cela est évident si l'ensemble contient un intervalle; soit E un ensemble parfait non dense dont les points extrêmes sont A et B ([1]). $C_{AB}(E)$ est un ensemble formé des points intérieurs à l'infinité dénombrable des intervalles contigus à E. Rangeons ces intervalles en suite simplement infinie δ_1, δ_2, ...
A A faisons correspondre le point o, à B le point 1, aux deux extrémités de δ_1 le point $\frac{1}{2}$, aux deux extrémités de δ_2 le point $\frac{1}{4}$ ou $\frac{3}{4}$ suivant que δ_2 est entre A et δ_1 ou entre δ_1 et B. On continuera ainsi, faisant correspondre aux deux extrémités de δ_n le milieu de l'un des intervalles, définis par les points correspondant à A, B, δ_1, δ_2, ..., δ_{n-1}, ce milieu étant complètement défini par la condition que les points correspondant à A, B, δ_1, δ_2, ..., δ_n se succèdent dans le même ordre que A, B, δ_1, δ_2, ..., δ_n.

Soit M un point de E qui ne soit pas extrémité d'un intervalle contigu à E, il est limite des extrémités d'intervalles δ_{i_1}, δ_{i_2}, ... Les points correspondant à ces intervalles ont, il est facile de le voir, un point limite γ. On fait correspondre γ à M. De cette manière à tout point de E correspond un point et un seul de (o, 1), et à tout point de (o, 1) correspond un ou deux points de E, donc E a la puissance du continu.

Considérons maintenant l'ensemble E^Ω commun à tous les dérivés de E ([2]). Il est évidemment fermé, je dis qu'il est *parfait*. Pour le voir,

---

([1]) On suppose E borné, sinon on raisonnerait sur une partie bornée de E.

([2]) L'indice Ω n'a pas d'autre but que de distinguer l'ensemble ainsi formé des dérivés. Si, ce qui n'est pas, E^Ω était différent de tous les dérivés, il y aurait lieu de considérer E^Ω comme une sorte de nouveau dérivé et par Ω on représenterait un symbole qui serait le premier venant après tous les nombres transfinis de la première classe. Un tel symbole serait ce que M. Cantor appelle le *premier nombre transfini de la seconde classe.*

remarquons que si M est un point de E^{Ω} et (a, b) un intervalle contenant M, ou bien l'un des dérivés de E est parfait dans (a, b), ou bien quel que soit le dérivé considéré E^{α} on peut trouver un point M_{α} appartenant à E^{α} sans appartenir à $E^{\alpha+1}$ et cela fait voir que, dans tous les cas, E^1 n'est pas dénombrable dans (a, b). Inversement, si M est tel que dans tout intervalle (a, b) le contenant il y a une infinité non dénombrable de points de E^1, M appartient à E^{Ω}; car s'il n'appartenait pas à E^{α} il y aurait un intervalle (a, b) dans lequel E^{α} n'aurait pas de points et dans lequel E^1 serait dénombrable.

De cette propriété caractéristique des points de E^{Ω} il résulte que E^{Ω} ne peut contenir aucun point isolé; si M était un tel point, on pourrait trouver (a, b) contenant M et ne contenant aucun autre point de E^{Ω}; marquons les points $a < a_1 < a_2 \ldots < M < \ldots < b_2 < b_1 < b$, les a_i et les b_i tendant vers M; dans chaque intervalle (a_i, a_{i+1}), (b_{i+1}, b_i), E^1 est dénombrable, il est donc dénombrable dans (a, b).

E^{Ω} est parfait. Mais nous voyons de plus que dans tout intervalle contigu à E^{Ω} il n'y a qu'une infinité dénombrable de points de E^1. A chacun de ces points correspond un nombre fini ou transfini, indice du premier dérivé ne contenant pas ce point. Il y a une infinité dénombrable de ces nombres, soit α le plus grand d'entre eux, s'il y en a un plus grand que tous les autres et, s'il n'en est pas ainsi, soit α le plus petit de ceux qui les surpassent. Le dérivé E^{α} est identique à E^{Ω}. donc :

VII. *Tout ensemble a l'un de ses dérivés parfait.*

VIII. *Tout ensemble fermé est la somme d'un ensemble dénombrable et d'un ensemble parfait* (¹).

Les ensembles fermés sont donc dénombrables ou ont la puissance du continu, suivant que leur dérivé parfait ne contient aucun point, ou en contient; c'est-à-dire suivant qu'ils sont réductibles ou non. Mais un ensemble non fermé peut être non réductible et dénombrable; c'est le cas de l'ensemble des valeurs rationnelles.

(¹) On remarquera que la démonstration du théorème VIII ne suppose connus, ni la notion, ni même le mot de *nombre transfini*. Au contraire, dans la démonstration du théorème VII, j'emploie les nombres transfinis.

Pendant la correction des épreuves, j'ai eu connaissance d'une lettre adressée à M. Borel par M. Ernst Lindelöf, et dans laquelle celui-ci indique une démonstration du théorème VIII qui me paraît identique à celle du texte.

FIN.

TABLE DES MATIÈRES.

FIN DE LA TABLE DES MATIÈRES.

34043   Paris. — Imprimerie GAUTHIER-VILLARS, quai des Grands-Augustins, 55.

Printed in the United States
By Bookmasters